陕西省秦岭

生态环境保护年度报告

（2022）

中国经济信息社 / 编著

新 华 出 版 社

图书在版编目（CIP）数据

陕西省秦岭生态环境保护年度报告 . 2022 / 中国经济信息社编著 . -- 北京 : 新华出版社 , 2023.10
ISBN 978-7-5166-7120-7

Ⅰ. ①陕… Ⅱ. ①中… Ⅲ. ①秦岭—生态环境保护—研究报告—陕西—2022 Ⅳ. ① X321.241

中国国家版本馆 CIP 数据核字（2023）第 194679 号

陕西省秦岭生态环境保护年度报告 . 2022

编　　著： 中国经济信息社

出 版 人： 匡乐成　　**选题策划：** 唐波勇
责任编辑： 胡卓妮　唐波勇　　**封面设计：** 华兴嘉誉

出版发行： 新华出版社
地　　址： 北京石景山区京原路 8 号　　**邮　　编：** 100040
网　　址： http: //www.xinhuapub.com
经　　销： 新华书店、新华出版社天猫旗舰店、京东旗舰店及各大网店
购书热线： 010-63077122　　**中国新闻书店购书热线：** 010-63072012

照　　排： 华兴嘉誉
印　　刷： 三河市君旺印务有限公司

成品尺寸： 170mm × 240mm
印　　张： 15　　**字　　数：** 186 千字
版　　次： 2023 年 10 月第一版　　**印　　次：** 2023 年 10 月第一次印刷

书　　号： ISBN 978-7-5166-7120-7
定　　价： 98.00 元

版权专有，侵权必究。如有质量问题，请与出版社联系调换：010-63077124

《陕西省秦岭生态环境保护年度报告（2022）》

编 委 会

主　　任： 张亚强

副 主 任： 冯　国　毛海峰

执行主编： 尹　亮　田　春　沈忠浩

编委会成员： 何燕燕　王岩波　李连敏　徐珊珊　李倩倩
张　健　赵家熹　李文昕　汪慕涵　张　歌
马玉竹　黄　颖　魏子涵　姜辰蓉　雷肖霄
刘　刚　刘　雨　赵　阳　上　庆　刘　辉
景兴涛

学术顾问（按照姓氏拼音排序）：

陈怡平　中国科学院西安分院副院长　研究员

董　煜　清华大学中国发展规划研究院常务副院长

董祚继　中国科学院大学国家土地科学研究中心主任　研究员

刘　畅　中国城市建设研究院有限公司西北分院副院长　总工程师

孙启宏　中国环境科学研究院党委办公室主任　研究员

夏　青　国务院南水北调后续工程专咨委委员

徐卫华　中国科学院生态环境研究中心研究员；国家林业和草原局中国科学院国家公园研究院副院长

学术支持团队：

中国科学院地球环境研究所　赵　燕　张慧雯　田瀚文

参与调研： 王金金　吕　昂　张新新　胡加齐　何丽丽　陈斌杰　和　苗　周啸天　刘昕宇　张亚东　林　晶　刘　芳　任　珂　刘亚南　林　威

卷首语

2022 年 10 月，党的二十大胜利召开，以中国式现代化全面推进中华民族伟大复兴的新征程吹响了冲锋号。习近平总书记在二十大报告中指出，“推动绿色发展，促进人与自然和谐共生”“必须牢固树立和践行绿水青山就是金山银山的理念，站在人与自然和谐共生的高度谋划发展”。全面建设推进人与自然和谐共生的现代化，成为新时代新征程最重要的任务之一。

伟大事业需要思想引领，新的征程呼唤行动指南。习近平总书记在陕西考察时强调，秦岭和合南北、泽被天下，是我国的中央水塔，是中华民族的祖脉和中华文化的重要象征。保护好秦岭生态环境，对确保中华民族长盛不衰、实现“两个一百年”奋斗目标、实现可持续发展具有十分重大而深远的意义。

习近平总书记的重要指示精神为秦岭生态环境保护工作指出了明确方向和行动指南。2022 年，陕西省干部群众始终以习近平新时代中国特色社会主义思想和习近平生态文明思想作为秦岭生态环境保护工作的根本遵循，从守护中央水塔、中华民族祖脉、中华文化重要象征的高度当好秦岭生态卫士，坚决扛起政治责任、历史责任，加大保护力度，加快生态修复，加强系统治理，让秦岭美景永驻、青山常在、绿水长流。

2022 年，陕西省委、省政府主要领导多次赴秦岭区域实地调研，查摆问题、部署任务，研究破解秦岭生态环境保护工作的深层次矛盾和问题，把坚决拥护“两个确立”、坚决做到“两个维护”落实到保护好秦岭生态环境的具体行动和实际效果上。陕西省各地各部门牢记总书记殷切嘱托，主动作为、勇于担当，涉秦岭区域部门坚持动态开展问题排查整治，常态化推进生态修复，坚持生态产业化、产业生态化，持续加强秦岭生态环境保护。

2022 年，陕西省继续绷紧“制度弦”，用最严格制度、最严密法治实施秦岭保护。陕西省各级政府为巩固秦岭专项整治成效，持续推动中央环保督察、省级环保督察反馈问题整改，从严开展专项行动、专项执法检查，筑牢秦岭生态环境保护制度之基。在有力的制度监管下，秦岭生态保护规划体系基本形成，分区管控体系初步构建，五级林长制组织体系全面建立，高效监管体系愈发完善。

在法治建设方面，陕西省以新修订的《陕西省秦岭生态环境保护条例》为基础，权力机关、司法机关和行政机关主动作为、靠前管理，强化执法检查、设置专业机构，推动秦岭生态环境保护走向更加完善有效的法治化。

良好的生态环境变成生态价值，绿色发展实现“共保、共建、共享、共富”，成为秦岭区域政府、群众、企业等各方的极大共识。秦岭区域不少市县将秦岭生态环境保护、地方经济发展、人民群众增收一体谋划，努力探索“两山”理论实践转化，把生态优势转化为经济优势。一些市县还将生态产品价值转化与乡村振兴有机结合，通过“生态＋旅游”“生态＋康养”“生态＋体验”“生态＋特产”等方式，实现经济发展、改善民生和生态保护的良性循环。

良好的生态环境是政府提供的最公平的公共产品，美丽秦岭是人与自然永恒共有的美好家园。在一系列生态环境保护措施的实施下，秦岭生态环境之利正为全民所享，为全民所乐。从少数人独享到全体民众共享，秦岭生态环境保护取得了实质性成效。陕西省正在以秦岭生态环境高水平保护促进秦岭区域高质量发展，努力走出一条生态和经济协调发展、人与自然和谐共生之路，全省推动绿色发展的自觉性和主动性显著增强，秦岭生态环境质量持续好转，秦岭区域高质量发展水平持续提升，民生福祉持续增进。

2022 年，公众对秦岭生态环境愈发聚焦，群众对秦岭生态环境保护意愿不断增强。在陕西，秦岭生态环境保护宣传周、清洁秦岭公益服务等活动已经成为品牌化、规模化的活动，吸引许多市民主动参与秦岭生态环境保护。从小到大、从下到上，一股股发自民间的涓涓细流正冲出地表，汇集成群众自觉保护、自觉行动的不竭江河，既汪洋恣肆又润物无声，为着一个共同的目标——真正还秦岭以宁静、美丽、和谐。

奋进新时代，迈向新征程。随着陕西省秦岭生态环境保护的一系列具体措施不断深入开展，秦岭生态环境保护也正逐渐走向新阶段。陕西省要深入学习贯彻党的二十大精神，学习贯彻习近平总书记来陕考察重要讲话、重要指示，继续健全秦岭常态化长效化保护体制机制，完善监管体系，搞好动态排查整治，守护好我国中央水塔，不断推动发展方式绿色低碳转型，提升生态文明建设水平，以秦岭生态环境高水平保护助推区域高质量发展，奋力谱写中国式现代化建设的陕西篇章。

目　录

第二编　牢记“国之大者”　扛起政治责任

第三编 当好“生态卫士” 发展生态经济

第一编

守护“中华祖脉”谱写保护新篇

第一章
2022 秦岭生态环境之“变”

保护好秦岭生态环境，既是贯彻落实新发展理念、建设生态文明、维护国家生态安全的必然要求，也是促进秦岭地区人与自然和谐发展的重大举措。

无山不青，无水不绿。生命的律动在秦岭山间奔涌，日新月异的深刻变化已然发生。2022 年，秦岭陕西段生态功能稳定，青山、绿水、蓝天、林木、空气质量及物种多样性等方面相较此前有不同程度改善，常态长效保护秦岭生态环境、加快推动秦岭地区绿色转型发展取得了实质性成效。

秦岭生态环境质量呈现逐年向好发展趋势，山更美、水更绿、天更蓝、物种更丰富。秦岭生态环境质量达到优良等级区域持续扩大，面积占比达到 99%；植被覆盖度一直维持较高水平，2022 年植被覆盖度为 87.6%，较 2021 年增加了 2.5%，生态系统健康稳固；2022 年全域近乎所有河流均达到地表水Ⅲ类水质等级及以上，无Ⅳ类、Ⅴ类和劣Ⅴ类断面；秦岭地区蓝天天数逐渐增多，2022 年平均空气质量优良天数达 348.3 天，同比增加 1.5 天；区域生态系统服务提升，植被固碳释氧量有增加趋势，2022 年秦岭释放氧气总量上升至 4699.24 万吨，同比增幅为 1.8%；秦岭生物多样性更加丰富，与 2021 年相比，中等以上改善区域占全域的 34.1%。

第一节　秦岭“青山”更加明媚

绿水源自青山，青山依赖森林。秦岭健康的生态系统功能得益于山体的植被覆盖。如今，秦岭植被覆盖度已达 87.6%，是全国最绿区域，生态环境质量持续向好。昔日“八百里秦川尘土飞扬”的旧面貌，已演变为“高颜值”的绿水青山。

秦岭保护离不开植被的抚育，离不开天然林保护工程。秦岭退耕还林（草）工程实施以来，中央财政累计投入上百亿元，相当于该区域其他林草投资的总和，以天然林为主的森林资源得到全面保护，发生了“绿进黄退”的改变，实现了生态环境的根本性好转。

通过人工造林、封山育林、飞播造林、森林抚育等方式，陕西不断加大秦岭生态修复力度。数据显示，目前秦岭范围森林面积达到 400 万余公顷，森林蓄积达 2 亿余立方米。秦岭植被覆盖度呈上升趋势，生态系统稳定健康，秦岭青山更加“妩媚”。

一、秦岭地区植被覆盖度显著提高

据 NASA 卫星数据，2022 年秦岭陕西段植被覆盖度相较 2021 年有所增加，由 85.1% 增加到 87.6%。从空间上看，虽然 2022 年植被覆盖微弱增加，但均匀分布在全域约 96.7% 的区域。

总体上，秦岭东部商洛和安康市相对于西部汉中和宝鸡市的植被覆盖度变化更为剧烈，这是由于东部地区，例如丹江流域，人类活动更加密集，土地利用的转化较为频繁所导致。相应地，植被覆盖度减少的区域多分布在秦岭东部山麓地区以及靠近农田公路等地区。

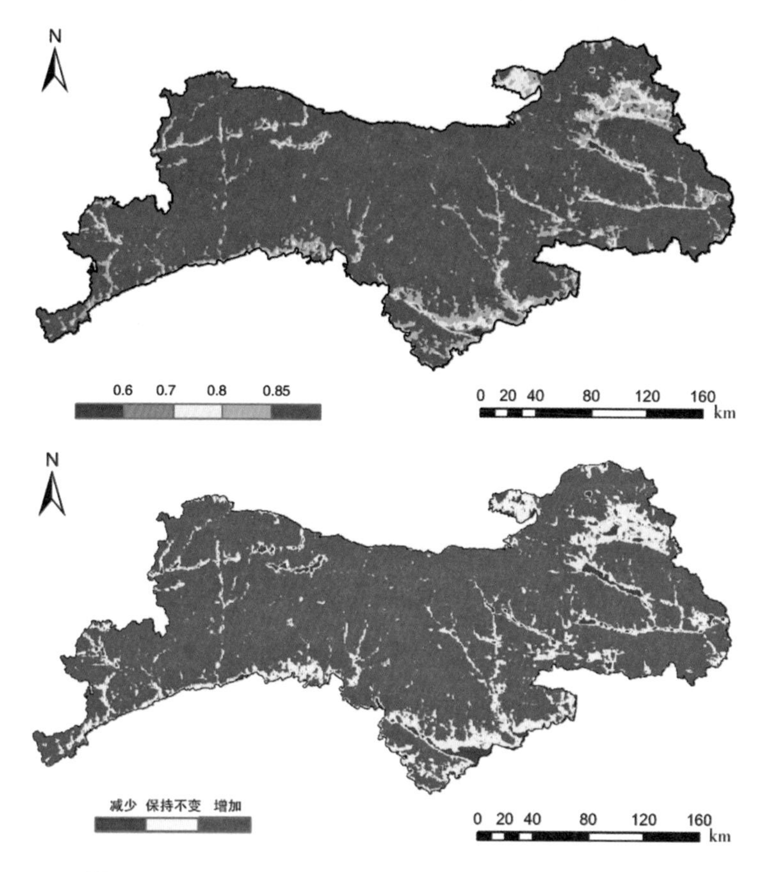

图 1-1 2022 年秦岭植被覆盖度（上）及其变化（下）

植被覆盖度的增加与秦岭地区大规模人类保护活动的开展是密不可分的，退耕还林还草、植树造林、封山育林、建立保护区等一系列措施的实施，极大程度地改善了秦岭地区森林储备总量、土壤湿度、植被种群等重要的植被生存要素，使得植被覆盖度大幅提高。

退耕还林工作禁止乱砍滥伐的同时大面积植树造林，极大地改善了自然生态环境。秦岭地区建立的一系列保护区，例如周至、太白山、长青、牛背梁、佛坪、平河梁等保护区，已经对秦岭森林形成了有效的保护网络，使天然次生林得到快速生长。

通过比对卫星数据，20 余年来，秦岭地区年降水量和年平均气温都明显增加，呈现暖湿化趋势，这为近年来植被覆盖度的增长提供了极为有利的条件。秦岭降水量增加、气温升高的区域与植被覆盖度增加的区域范围大体一致，因此降水和温度的持续增加哺育了秦岭植被快速生长。秦岭地区在长达 20 年时间内，80% 以上区域的气温和湿度都明显增加，秦岭北麓和秦岭中段增温速率超过 0.05℃ / 年，高于全球平均增温速率（0.02℃ / 年），东段部分地区的年降水量增速大于 17 毫米。增加的气温延长了植被生长期，提高了植被覆盖度；增加的降水为植被提供了更充足的水分，同时有利于植被生产功能提高。

二、生态系统健康稳固

综合生态系统结构、功能、稳定性和人类胁迫因素分析绘制生态系统健康指数分布图，秦岭地区生态系统处于健康状态的地区与森林、草地等优势景观分布的区域高度一致，占比高达 40%。

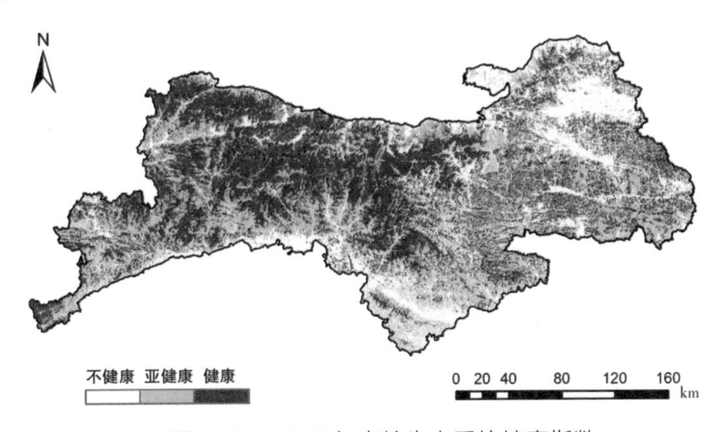

图 1-2　2022 年秦岭生态系统健康指数

从空间上看，秦岭地区生态系统健康指数在其中部及西部的宁陕、佛坪、洋县、城固等县较高。

从不同地类的变化上来看，林地、草地和耕地三种优势景观的健康指数较高，其中 2022 年林地的生态系统健康指数高达 0.68，因此林地对改善秦岭地区生态系统健康起到了决定性作用；草地的生态系统健康指数为 0.55，耕地的生态系统健康指数为 0.52，表现出优良的生态系统健康状况。

生态系统健康与景观格局指数高度相关，自国家实行退耕还林（草）计划以来，虽然整体植被覆盖度提升成效显著，但是部分耕地转为林地或草地导致耕地景观破碎程度加剧，而新形成的林地和草地还无法与原有景观类型连接成片，加之局部区域人类活动干扰的加强，对于耕地生态系统健康指数的提升有一点延缓作用。

总的来看，秦岭近年来生态系统健康稳固，进而进一步利好当地植被生长状况和生态系统平衡。

第二节　秦岭“绿水”更加洁净

秦岭是我国南北气候的分界线和重要的生态安全屏障，被称为我国的中央水塔，也是嘉陵江、汉江、丹江及渭河南岸支流的发源地，国家南水北调中线工程的重要水源涵养区。经过治理，秦岭陕西段各水域水量更为充沛，水质明显改善。

2022 年，陕西积极实施“一断一策”，开展水生态环境健康状况调查评估，陕南三市共完成 94 个水生态修复和治理项目；扎实推进白河县硫铁矿污染治理，开展 6 大领域 20 余项环境隐患排查整治工作；汉江（汉中段）入选全国首批美丽河湖提名案例，被生态环境部推广宣传。

陕西省水环境质量月报数据显示，2022 年，53 个秦岭地区断面（点位）中，Ⅰ～Ⅲ类水质断面 53 个，占 100%；无Ⅳ类、Ⅴ类和劣Ⅴ类断面。长江流域考核断面全部达Ⅱ类以上，优于全国长江流域平均水平 1.9 个百分点，保障了南水北调水质安全。

各地市中，安康城市水环境质量指数 3.3358，平均改善指数 3.31%，排名均为全省第一，取得历史性突破；商洛坚决扛牢“一江清水供京津”的政治责任，全市水生态环境质量持续向好，丹江、洛河、金钱河、乾佑河等 11 条河流、23 个监测断面水质达到国家地表水考核标准，水环境质量居全省第 3，同比提升 2.4 个百分点。

一、润泽四方的中央水塔

秦岭主脊是黄河流域和长江流域的分水岭，秦岭范围内流域面积在 100 平方公里以上的河流有 195 条，年降水量约 820 毫米。北麓河流属于黄河流域，流程普遍较短，流速急，汛期河水陡涨陡落，最后汇入渭河。北麓共有大小河道将近 100 条，河道总长约为 1820 公里，流域面积为 8000 平方公里。南麓的流域面积较北麓更加广阔，有大小河流近 200 条，总长约 9200 公里，流域面积 50020 平方公里。秦岭南麓的水系属于长江流域，河流流程普遍较长，水量丰富，是嘉陵江、汉江等长江主要支流的水源地。秦岭地区的水系发达，河流众多，流域面积广阔。

秦岭是南水北调中线工程的重要水源涵养区、水源保护地、水源水质影响控制地，补给了南水北调中线水源的 75% 左右，每年向北京、天津等地供水 120 亿至 140 亿立方米——不仅哺育了秦川百姓，更与全中国血脉相通。2014 年 12 月，南水北调中线工程落成通水，秦岭之水从丹江口水库直通北京颐和园团城湖，养育着京津冀和华北平原 20 多个城市的上亿人口。此外，秦岭之中的石头河水库、褒河水库、黑河水库、“秦岭七十二峪”等，还是关中平原和陕南地区的重要水源，是西安、汉中、杨凌等城市可持续发展的根基。

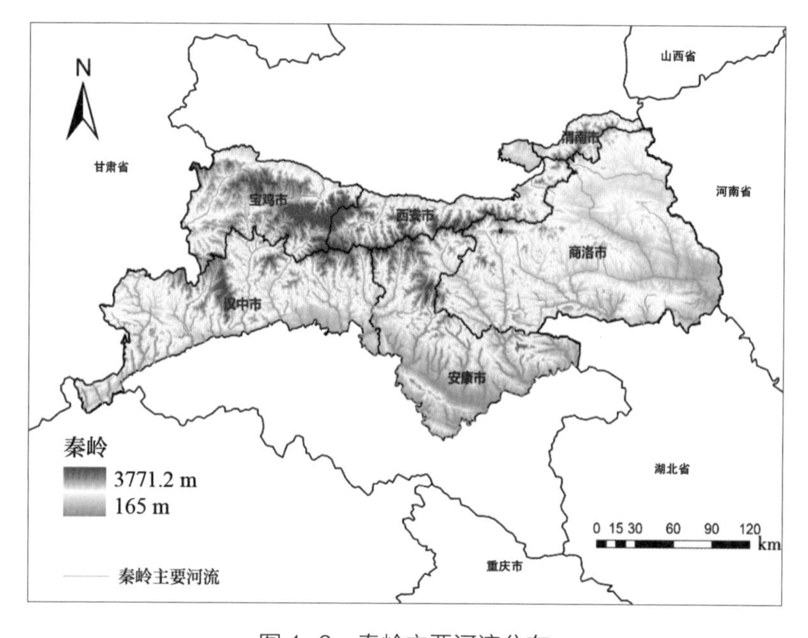

图 1-3　秦岭主要河流分布

二、滋养生态的降水循环

秦岭的屏障作用使潮湿的海洋气流不易深入西北，同时也阻挡了北方的寒潮不致长驱南下，因此也是我国亚热带和暖温带的分界线。北坡位于东南季风的背风地带，相对寒冷干燥，多年平均降水 800 毫米以下。南坡位于东南季风的迎风坡，温暖湿润，多年平均降水 800 毫米以上。

降水过程是地球水循环系统中的一个重要组成部分，直接影响到土地利用、生态系统、水资源、农业和人类活动等方面。据气象资料显示，2021 年秦岭平均降水量 1184.8 毫米，与常年相比偏多 57.6%，属特多年份。进入 2022 年，降水量有所下降，回归多年平均水平。充沛的降雨使得秦岭地区土壤含水量提升，对绿色植物成长发育、生态体系植被多样性构造及效用产生关键作用，从而有益于生态环境可持续发展。

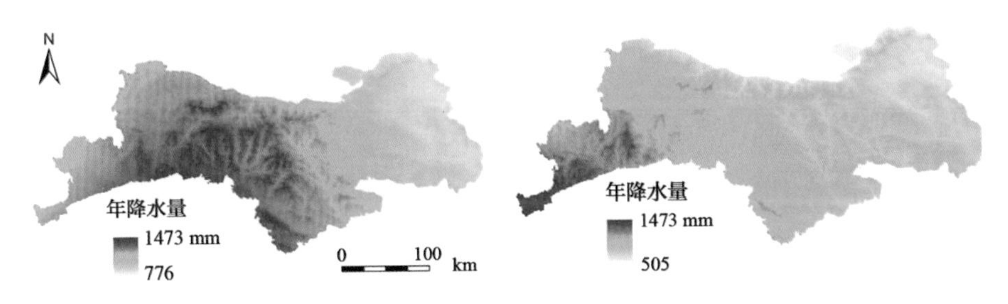

图 1-4　秦岭 2021 年（左）及 2022 年（右）降水量

三、南多北少的产水量分布

秦岭地区降雨充沛、水量丰富，多年平均地表水资源量为 220 多亿立方米，约占陕西省水资源量的 50%。其中，秦岭南麓水资源量 182 亿立方米，约占陕南水资源量的 58%，是嘉陵江、汉江、丹江的源头区。秦岭北麓水资源量约 40 亿立方米，占关中地表水资源总量的 61%，是渭河的主要补给源。秦岭的人为活动较少，为涵养水源提供了良好的生态条件，使其产水量一直稳定处于较高水平。

产水量受地表植被和土地利用类型、水资源、气候、降水等多种因素的影响，存在空间差异。2021 年由于降水量相比往年增多，安康、汉中、宝鸡及区内西安西南部分产水量增大，空间上呈现西多东少的趋势。2022 年秦岭产水量呈现南多北少，从南到北产水量逐渐减少的趋势。从流域尺度分析，2021 至 2022 年，汉江流域产水量变化最大，差值高达百亿立方米；其次是渭河流域、嘉陵江流域；变化最小的是属于黄河流域的洛河流域，约为 2 亿立方米。

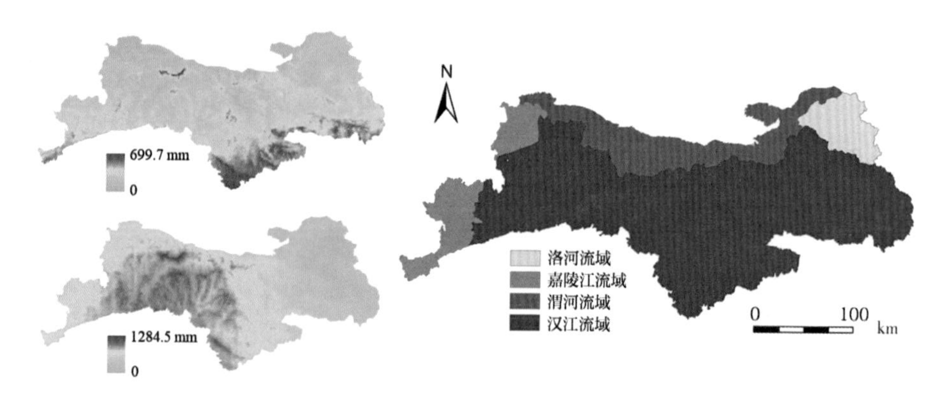

图 1-5　秦岭 2021 年（左上）、2022 年（左下）产水量及两年产水量变化（右）

四、稳定优良的区域水质

秦岭是国家和陕西省重要的饮用水源区，承载着“一江清水供京津”的重任。秦岭水生态关乎南水北调工程安全、供水安全、水质安全和区域可持续发展。

近年来，秦岭的水生态保护工作围绕加强实施渭河、汉丹江流域综合治理，做好南水北调中线工程水源涵养地保护来展开，搞好水资源节约集约利用，不断涵养水源，改善生态环境质量，让秦岭美景永驻、青山常在、绿水长流。

为加强秦岭地区水资源保护和水污染防控，国家层面出台了《关于加快推进生态文明建设的意见》《水污染防治行动计划》《关于全面加强生态环境保护坚决打好污染防治攻坚战的意见》《关于全面推行河长制的意见》等文件，陕西省发布《陕西省秦岭生态环境保护条例》《陕西省秦岭生态环境保护总体规划》等来指导秦岭的水资源保护工作。

经过多年保护治理，秦岭水源地的水质状况良好，绝大部分的河流污染得到有效控制，水源地的水质达标率达到 95%，河流水质保持稳定改善。2019 年以来，秦岭内全部水质功能区的达标率均超过 90%，主要河流嘉陵江、丹江、伊洛河、汉江等出境断面水质均达到Ⅱ类水质标准（陕西省水资源管理制度考核）。2022 年秦岭河流典型水质指标浓度虽相比 2021 年略升高，但全域近乎所有水质均达到地表水Ⅲ类等级及以上，国控监测断面公布的水质指标中溶解氧（≥ 6 毫克 / 升）、氨氮（≤ 0.5 毫克 / 升）和砷（≤ 0.05 毫克 / 升）状况优良，处于Ⅱ类水质标准；BOD5（≤ 4 毫克 / 升）、COD（≤ 20 毫克 / 升）、总磷（≤ 0.2 毫克 / 升）和高锰酸盐（≤ 6 毫克 / 升）处于Ⅲ类水质标准。其中，总磷和

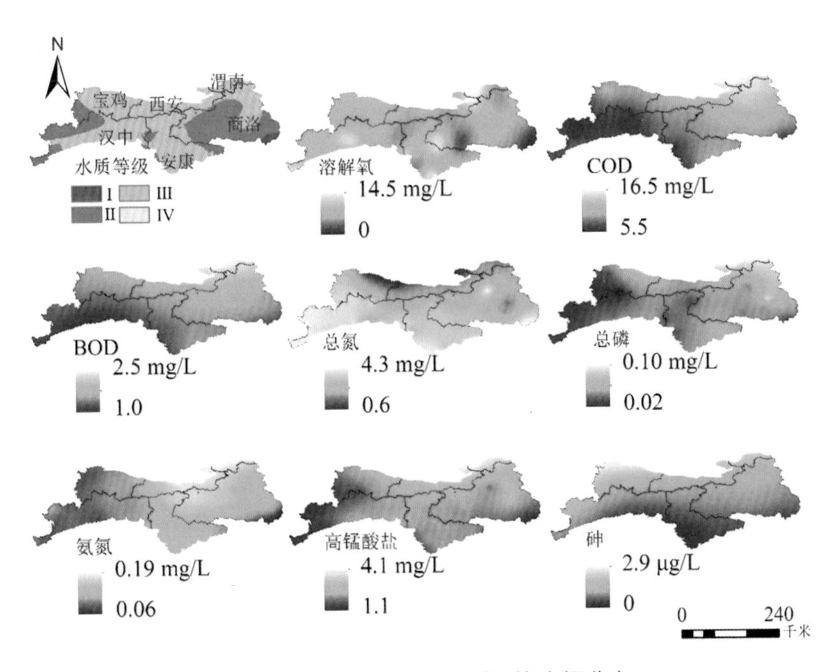

图 1-6 秦岭 2021 年水质污染空间分布

数据来源于国家水质自动综合监管平台（www.cnemc.cn）

BOD 相较 2021 年等级有所下降，其余水质指标所处等级均无变化。

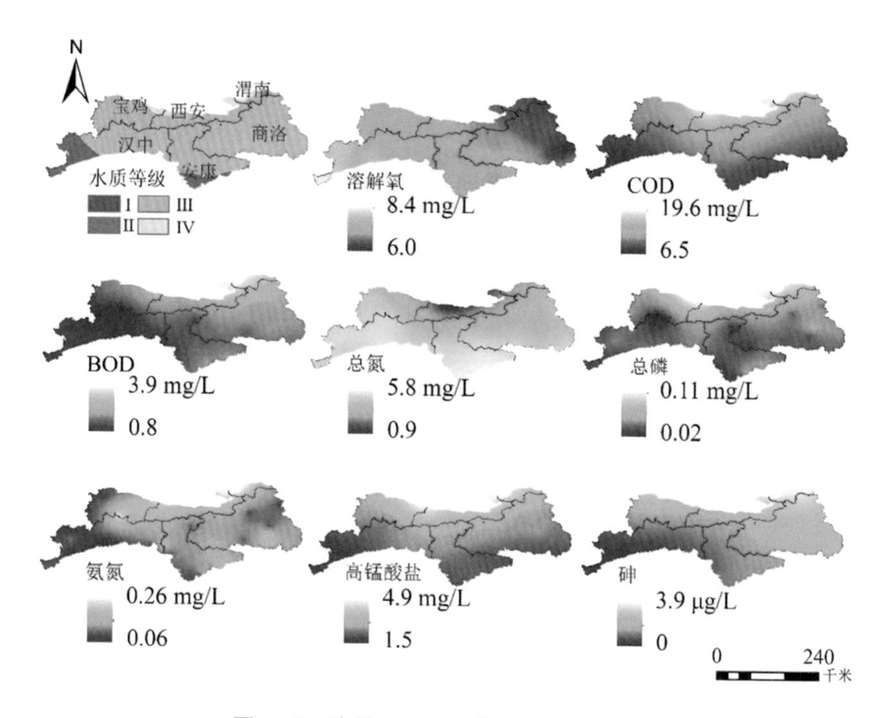

图 1-7 秦岭 2022 年水质污染空间分布

数据来源于国家水质自动综合监管平台（www.cnemc.cn）

总体来说，秦岭域内水质相对稳定，今后环保工作重心应主要放在总氮和 COD 这两类指标的防控上。从空间分布上来看，2022 年秦岭 6 市中，汉中市和安康市境内流域的 COD、BOD5、总磷、氨氮、高锰酸盐和砷的浓度均较低，水质总体要优于其他市；水质情况表现仅次于汉中市和安康市的是商洛市，该市域内河流 COD、总磷和氨氮含量都较低；西安市内流域对于总氮指标的防控工作最优，其含量最低；渭南市各类水质指标含量相比其他 5 市较高，应注意域内流域水质的保护与控制。

第三节　秦岭“蓝天”更加澄澈

秦岭是打赢“蓝天保卫战”聚焦的重点区域。近年来，各部门协同奋进，全力打好污染防治攻坚战，推动中重度污染天数逐步下降，空气质量水平不断提升。

2018 年以来，秦岭地区节能减排、防治大气污染、大气污染物定点检测等工作取得了重大成效。在地方政府各部门的带动下，秦岭地区空气质量不断上升、污染物排放逐渐下降、固碳释氧与空气调节功能持续改善，巩固了秦岭地区生态系统的稳定性。

陕西省环境空气质量状况监测数据显示，2022 年 1—12 月，秦岭地区细颗粒物（PM2.5）平均浓度 25 微克 / 立方米，同比上升 8.7%；平均优良天数 348.3 天，同比增加 1.5 天，秦岭地区“蓝天”天数逐年增多。秦岭六市中，商洛市环境空气质量持续改善，各项指标全部稳定达标，连续六年进入全国达标城市行列。中心城区优良天数 349 天，同比增加 14 天，优良率 95.6%，优良天数位居全省第一并创历史新高。

一、空气质量稳步提升

PM2.5 浓度是常规监测的空气质量重要指标，也是体现秦岭“蓝天”的首要指标。秦岭丰富的森林与植被资源在净化空气方面具有重要作用，主要体现在森林覆盖率高的区域对 PM2.5 的削弱作用较强，另外，草地在一定程度上也有利于 PM2.5 浓度的消减。

AQI（空气质量指数）是定量描述空气质量状况的无量纲指数。其数值越大、级别和类别越高、表征颜色越深，说明空气污染状况越严重，对人体的健康危害也就越大。参与空气质量评价的主要污染物为细颗粒物、可吸入颗粒物（PM10）、二氧化硫（SO_2）、二氧化氮（NO_2）、臭氧（O_3）、一氧化碳（CO）6 项。

由于近年来生态环境保护工作的推进，以及对历史遗留问题的整改，秦岭地区的空气质量状况得到显著改善。中国空气质量在线监测分析平台（https://www.aqistudy.cn/historydata/）数据显示，2021 年及 2022 年秦岭 PM2.5 浓度逐月变化如下：各年度细颗粒物月均值呈现先减少后增加的变化趋势，其中 2022 年平均浓度为 25.6 微克 / 立方米，同比上升 8.7%，但两年均值都低于《环境空气质量标准》规定的二级浓度限值（35 微克 / 立方米）。

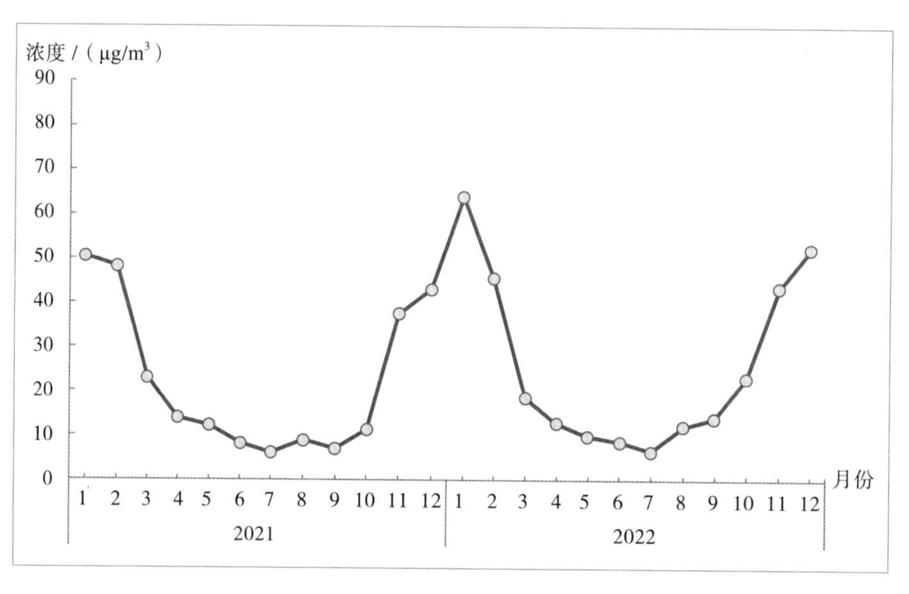

图 1-8　秦岭 2021—2022 年逐月 PM2.5 浓度变化

根据近两年 PM2.5、PM10、NO_2、CO、SO_2 以及 8 小时 O_3 六大类监测数据得到的空气质量综合指数图，2022 年 AQI 值相比 2021 年增加 7.6%。全年空气质量相较 2021 年同期改善的县区包括安康市宁陕县、汉中市汉台区、勉县等，变差的县区主要有西安市蓝田县、长安区，宝鸡市渭滨区、商洛市商南县等。

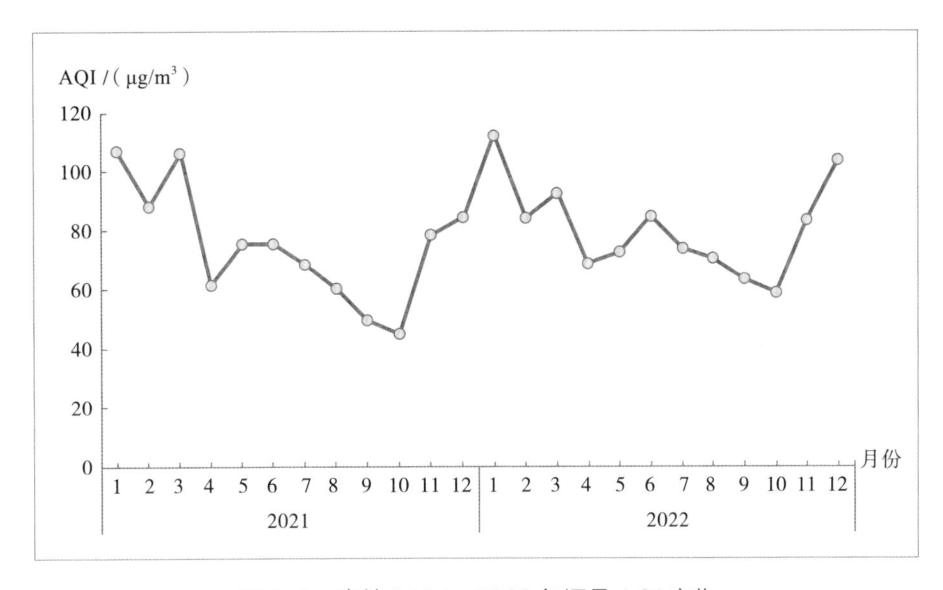

图 1-9　秦岭 2021—2022 年逐月 AQI 变化

由于受供取暖、节日烟花爆竹燃放等问题的影响，冬季成为大气污染的高发时段，首要污染物为包括 PM2.5 及 PM10 在内的大气颗粒物，环境空气质量整体下降，部分区域呈现轻中度污染。另外，2—3 月秦岭地区空气质量常出现整体反弹，与冷空气活动逐渐减弱，风速偏小，大气污染扩散气象条件较差等导致的污染物聚集效应有关。

二、污染物排放整体下降

气体污染物的排放是影响秦岭蓝天及空气质量的另一个关键因素。陕西省各级政府高度重视大气污染防治工作，通过会议部署、一线调研、专家指导等方式推动重点工作落实落地。

近年来，陕西省政府办公厅印发了《陕西省蓝天保卫战 2021 年工作方案》，陕西省发展改革委制定《陕西省散煤和燃煤小锅炉“双清零”方案》，陕西省工信厅印发《陕西省淘汰落后产能工作方案和“散乱污”工作企业整治方案》《推动公共领域车辆电动化实施方案》，陕西省住建厅印发《2021 年建筑施工扬尘治理行动方案》，陕西省商务厅制定《陕西省 2020—2021 年秋冬季黑加油站点联合治理攻坚行动实施方案》，结合政策法规，对金属尾矿库、废弃小水电等污染影响较为严重的工程项目整改治理，从根源上解决污染物的排放问题，助推蓝天保卫战有序开展。

根据中国空气质量在线监测分析平台（https://www.aqistudy.cn/historydata/）收集的 2021 年至 2022 年逐月 SO_2、氮氧化物（NOx），PM10 的大气浓度监测数据，秦岭空气质量状况以良好为主，几类污染物浓度于七八月达到全年最低值；秋冬季雾霾常现，大气污染扩散气象条件偏差，部分区域 NOx、PM10 浓度有所升高，而 SO_2 浓度全年变化不明显。

总的来说，秦岭空气质量优良稳定，年度空气质量综合指数较低，排名前三的地级市为安康、商洛和汉中。年度空气质量平均优良天数即“蓝天”天数为 348.3 天，同比增加 1.5 天。

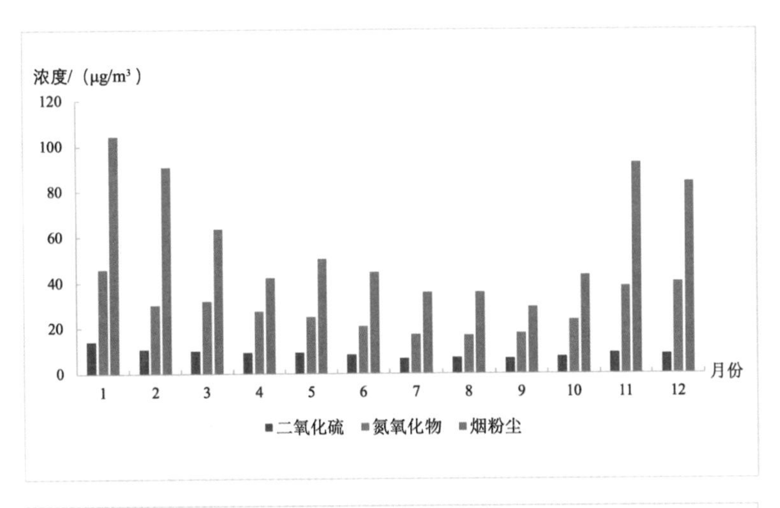

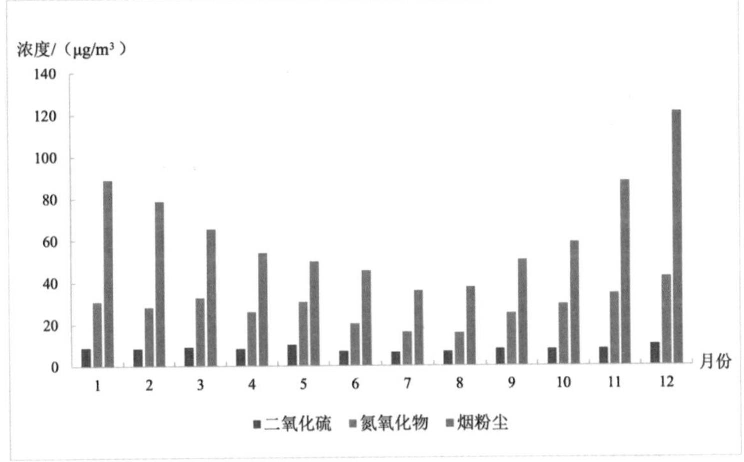

图 1-10　秦岭 2021 年（上）、2022 年（下）逐月空气污染物浓度变化

三、生态系统调节功能增强

陕西省不断推进秦岭“蓝天更蓝”的进程中，其生态系统气候调节服务中的氧气释放与空气净化功能发挥了重要作用。植物的光合作用构成了生态系统重要的释氧生态功能，不仅能减轻温室效应，还能有效维持大气中二氧化碳与氧气的动态平衡，是人类生存的必要基础条件。

根据调查及模型结果计算得到秦岭释放氧气服务功能量的空间分布，2022年秦岭释放氧气总功能量为4699.24万吨。

通过对秦岭生态系统吸收大气中SO_2、NOx与滞留粉尘的生态功能进行量化，2022年空气净化总功能量为2905.7万吨，SO_2、NOx与烟粉尘的净化量分别为0.64万吨、1.49万吨及72.04万吨。

图1-11　2022年秦岭释放氧气服务功能量空间分布

第四节　秦岭“生灵”更加兴旺

生物多样性是人类赖以生存的基础，是经济社会可持续发展的前提，是生态安全的基本保障。秦岭是全球34个生物多样性热点地区之一，也是中国生物多样性最丰富的两个地区之一，其生态区位、社会区位、文化区位极其重要。

2022年，出台《陕西省进一步加强生物多样性保护的实施意见》，明确了今后一个时期陕西省生物多样性保护目标，确定了6个方面的重点任务，提出了加强生物多样性保护的保障措施。

在生态环境部印发的 2022 年生物多样性优秀案例名单中，由汉中市生态环境局征集选送、陕西省生态环境厅推荐的朱鹮、秦岭石蝴蝶珍稀濒危物种保护成功入选。朱鹮和秦岭石蝴蝶从“濒危”到“壮大”，对其他珍稀濒危物种保护起到了积极带动和示范作用，促进了秦岭地区生态环境保护修复，保护了其他野生动植物种群，实现了人与自然和谐共生。

一、生物多样性及其保护工作

秦岭范围有种子植物 3800 余种、鸟类 418 种、兽类 112 种，分别占全国总数的 13%、29%、22.4%，120 种动物和 176 种植物被列入国家和省级重点保护对象，是许多古老和孑遗生物的家园。

专栏　秦岭植物园与秦岭生物多样性

秦岭国家植物园被誉为“世界的绿宝石”，是目前世界上规划面积最大、垂直分布带最清晰、最具自然风貌的植物园，是中国科学院规划建设的全国五大核心植物园之一，2006 年由陕西省人民政府、国家林业和草原局、中国科学院和西安市人民政府决定联合共建。园区内地貌单元多样，有高山、中山、低山、丘陵和平原五个地貌单元，相对高差最大 2417 米，气候垂直变化明显，生物多样性极其丰富，有植物 1641 种、动物 154 种、昆虫 2000 余种。园区大峡谷、瀑布、古栈道等自然和人文景观保存完好，核心保护区域分布大片原始森林，完整的森林生态系统和第四纪冰川地貌遗迹景观交相辉映。

大熊猫、金丝猴、羚牛、朱鹮并称“秦岭四宝”。截至2019年底，秦岭范围内共有自然保护区33个，面积56.96万公顷；森林公园50个，面积21.87万公顷；秦岭风景名胜区17处，面积13.99万公顷；国家湿地公园12处，1.09万公顷。各类保护地覆盖面积达79.08万公顷，占秦岭总面积的13.6%，基本包含了秦岭绝大部分的森林生态系统、灌丛生态系统、草地生态系统和湿地生态系统以及大熊猫、金丝猴、羚牛、朱鹮等珍稀濒危野生动物的重要栖息地。

作为我国生物多样性极为丰富的秦岭也面临着多重威胁和挑战。做好陕西省秦岭生物多样性保护工作是践行新发展理念和习近平总书记关于秦岭生态环境保护重要指示批示的具体行动，维持秦岭生态系统稳定，提升秦岭生态功能的需要，特别是对于保护南水北调中线水质、改善人居环境、实现人与自然的和谐发展，乃至全国经济社会发展都具有重大而深远的意义。

在科学研究方面，我国从20世纪60年代，相继开展了秦岭生物资源的科学考察和研究，出版了《秦岭鱼类志》《秦岭鸟类志》《秦岭兽类志》《秦岭昆虫志》《秦岭植物志》《秦岭常见药用植物图鉴》等基础资料。秦岭的30多个自然保护区也开展了本底资源调查和综合科考，还有大量的科研人员在秦岭开展了野生动植物方面的专项研究，这些成果为开展秦岭生物多样性保护奠定了基础。

在管理体系方面，经过多年努力，秦岭已经构建了以林业、自然保护区为主的保护管理体系，在秦岭的6个地市和重点林区县多数都设有专职或兼职的野生动植物保护管理机构，自然保护区的管理机构基本完善，还有国有林场等机构也承担着生物多样性保护的职能。2020年，陕西省生态环境厅遵照相关法规和政策性文件，修订了《陕西省秦岭生物多样性保护专项规划》，对秦岭的生物多样性提出总体目标和生物多样性保护范围。

在秦岭生态系统保护工作方面，实施了天然林资源保护、退耕还林还草、自然保护区建设等生态工程，建立了以大熊猫国家公园为主体的自然保护地体系，基本包含了秦岭绝大部分的森林生态系统、灌丛生态系统、草地生态系统和湿地生态系统以及大熊猫、金丝猴、羚牛、朱鹮等珍稀濒危野生动物的重要栖息地。

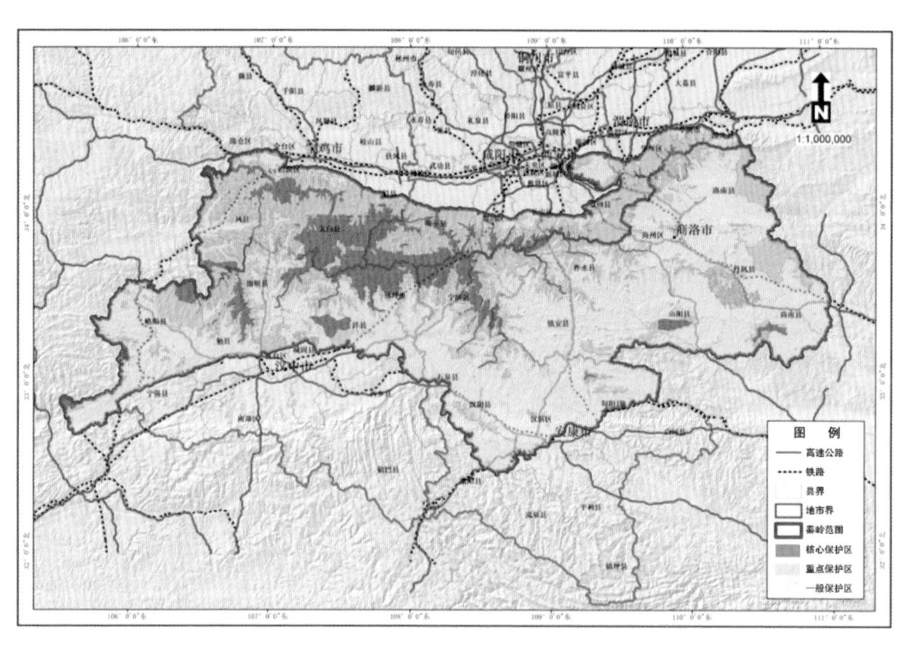

图 1-12　陕西省秦岭生物多样性保护规划范围图

二、多样性保护成效显著

多年来秦岭生物多样性保护成效显著，野生动植物种群得到恢复。野生植物采取“就地保护为主，迁地保护为辅，离体保护为补充”的措施成效显著。原本濒危的红豆杉、珙桐、华山新麦草、太白红杉植物得到重点保护，种群分布范围持续增加；野生蕙兰种群分布区扩大，从原本的秦岭南麓扩大到秦岭北麓；濒危植物羽叶报春消失百年重新现身。

通过设立自然保护区、建设生态廊道等途径，陕西省以“野外种群保护和人工繁育放归相结合”的基本思路，使得动物多样性和种群数量得到有效保护。秦岭大熊猫野外种群数量由20世纪80年代的109只增加到全国第四次大熊猫调查时的345只，增幅和物种密度均居全国第一，大熊猫分布范围不断北扩西移，栖息地面积扩大到3600平方公里；朱鹮种群数量由7只发展到7000多只，被称为“世界拯救濒危物种的成功典范”，栖息地面积由发现时不足5平方公里扩大到1.5万平方公里，由最初发现地逐步向历史分布地恢复，同时栖息地北界向北移动了160多公里。羚牛数量近5000头，金丝猴数量超过5000只。

专栏 “秦岭四宝”之陕西大熊猫保护基本情况

陕西省第四次大熊猫调查成果报告显示，截至2012年5月，陕西秦岭地区野外生存大熊猫约345只，种群数量与第三次调查相比增长26.4%，为全国最高；大熊猫种群总体状况稳定、富有活力，种群密度为每平方公里0.10只，为全国最大。

此外，陕西省大熊猫圈养种群数量也在不断增加。2022年9月19日，秦岭大熊猫研究中心的大熊猫“安安”诞下一只雌性幼崽，幼崽出生体重132.8克，发育良好。截至当日，秦岭大熊猫研究中心2022年内已成功繁育5只大熊猫幼崽，秦岭大熊猫人工种群数量达到41只。

秦岭地区划定各类自然保护地116个，大熊猫国家公园陕西管理局挂牌成立，保护体系日趋完善。大熊猫、朱鹮、川金丝猴、兰花等珍稀动植物抢救繁育基地建立，人工种群初步建立。乱捕滥猎野生动物、乱采乱挖野生植物的违法行为得到有效控制。

图 1-13　陕西秦岭大熊猫研究中心，大熊猫丫丫与幼崽在一起。（2021 年 8 月 20 日，新华社记者 张博文 摄）

在此基础上，2022 年出台的《陕西省进一步加强生物多样性保护的实施意见》中明确了今后一个时期秦岭生物多样性保护目标，即到 2025 年基本建立生物多样性的评估、监测体系，汉江、丹江等重点流域水生生物完整性指数有所改善，生态质量稳中向好；到 2035 年，典型生态系统、国家重点保护野生动植物物种及其栖息地得到有效保护，汉江、丹江等重点流域水生生物完整性指数显著改善。

通过模型计算得出的生境质量指数可代表秦岭 2022 年生物多样性丰富程度。空间尺度上，秦岭生物多样性较高等级的区域主要集中在秦岭中西部，包括西安市长安区，宝鸡市陈仓区、渭滨区、岐山县、眉县、凤县、太白县，汉中市留坝县、城固县、佛坪县、宁陕县、汉台区等。

秦岭生物多样性较低等级区域主要集中在东部及南部区县，以渭南市华阴市，商洛市洛南县、商州区、丹凤县、山阳县，安康市汉阴县、汉滨区等为代表，沿当地的建设用地景观，呈带状分布。

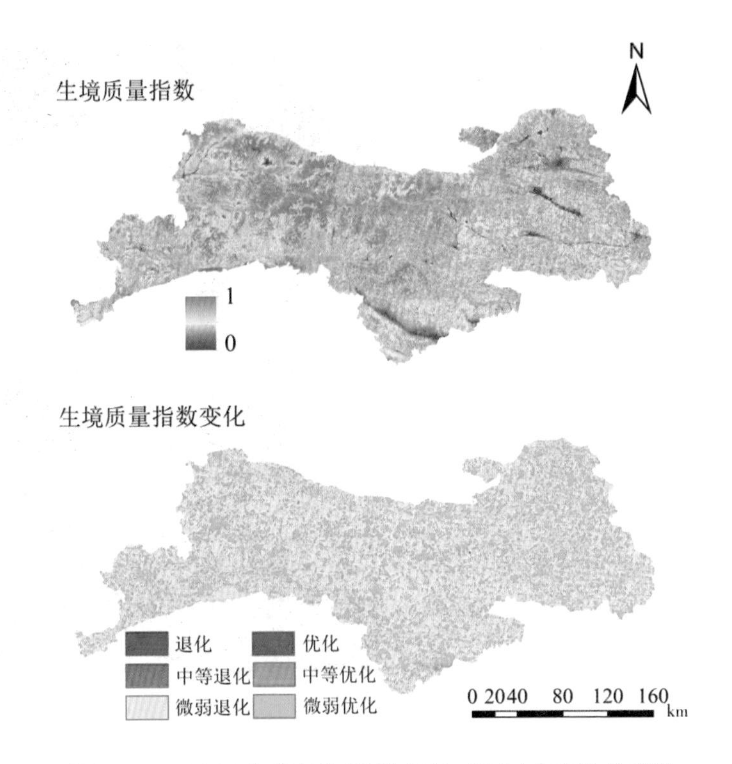

图 1-14　2022 年秦岭生境质量及与 2021 年相比的变化

与 2021 年相比，生物多样性丰富程度有所增加，中等以上改善的区域占总面积的 34.1%，均匀分布在秦岭全域，进一步佐证了近年来生物多样性保护工程，例如保护区的维护和生态公园等项目对当地生物多样性的增加具有明显推进作用。

总体来看，秦岭地区生物多样性有增加趋势，这不仅说明了秦岭生态不断向好，也展示了陕西在秦岭生物多样性保护上的成效。

第二章
2022 秦岭生态环境之“治”

2022 年，陕西省秦岭生态环境保护委员会充分发挥统筹规划、综合协调、监督检查职能，在制度建设、生态修复、空间治理、问题整治、监督检查等维度强化部门协作，综合运用生态环境保护督察、秦岭联合交叉执法检查、绿盾专项行动等手段，持续深化突出问题整治，常态长效抓好秦岭生态环境保护和修复工作。

着力抓好问题整改，紧盯中央督察反馈问题和各类存量问题，坚持清单式、台账化管理，常态化开展“五乱”（乱搭乱建、乱砍乱伐、乱采乱挖、乱排乱放、乱捕乱猎）问题排查整治，全面规范矿山管理，做好小水电整治“后半篇文章”，进一步规范民宿、农家乐运营管理，坚决防止各类问题反弹回潮，以秦岭生态环境高水平保护促进秦岭区域经济高质量发展，努力走出一条新时代生态和经济协调发展、人与自然和谐共生之路。

第一节　不断筑牢精准治理基础

陕西省委、省政府高度重视秦岭生态环境保护工作，各级各部门齐抓共管、共同推进秦岭生态环境保护修复。2022 年，秦岭生态环境保护不断加强顶层设计，持续向纵深发展，监管体系更加完善有效，“人防”“技防”等方面再上新的台阶。

一、顶层设计制度为先

2022 年，陕西省多次组织召开秦岭生态环境保护委员会会议，推动查摆问题、部署任务，研究破解秦岭生态环境保护工作的深层次矛盾和问题，始终把秦岭生态环境保护作为重要政治任务，动态开展问题排查整治，常态化推进生态修复，坚持生态产业化、产业生态化，完善秦岭生态环境保护顶层设计。

2022 年，陕西省人大常委会通过了《陕西省天然林保护修复条例》，陕西省人大法工委编印《秦岭生态环境保护条例〈释义〉》，进一步推进《条例》落地、落实、落细。同时，陕西省印发《陕西省秦岭生态环境保护责任清单》，按照“横向到边、纵向到底”的思路，全面厘清涉秦岭 6 市、省级有关部门秦岭保护工作职责，完善责任体系及问责制度，构建齐抓共管的秦岭生态环境保护工作格局。

陕西省各部门也纷纷出台涉及秦岭生态环境保护的制度性文件，如陕西省自然资源厅出台《陕西省自然资源厅立案查处自然资源违法行为工作规范》，陕西省生态环境厅等部门出台《关于印发〈陕西省生态环境损害赔偿磋商办法〉〈陕西省生态环境损害鉴定评估办法〉的通知》，陕西省水利厅出台《陕西省小型病险水库除险加固项目管理办法》，陕西省农业农村厅出台《陕西省“十四五”茶产业发展规划》，陕西省林业局出台《陕西省恢复植被和林业生产条件、树木补种标准（试行）》《陕西省森林生态效益补偿资金兑付办法》等。这些法规或部门制度性文件为全省秦岭生态环境保护提供了政策支撑。

二、整合数据摸清底数

2022 年，陕西省发展改革委（省秦岭办）会同涉秦岭 6 市和省直相关部门，梳理整合相关数据，汇编形成“一总五分”秦岭保护数据库。其中，秦岭保护数据库的总册为基础数据，从宏观层面对秦岭保护现状进行了全面分析，包括总体概况、分区保护、保护单元和相关专项数据以及涉秦岭 6 市情况，重点对秦岭保护范围内国家公园、自然保护区等 12 类保护单元和交通、采矿（砂）、勘界立标、特色农业等 10 类专项数据进行了系统梳理。通过汇编形成秦岭保护数据库，最大限度发挥数据资源价值和应用场景，为陕西省秦岭生态环境保护和修复工作科学决策提供数据支撑，为陕西秦岭生态环境保护委员会各成员单位开展工作提供支持，为科研部门开展涉秦岭科研提供重要参考。

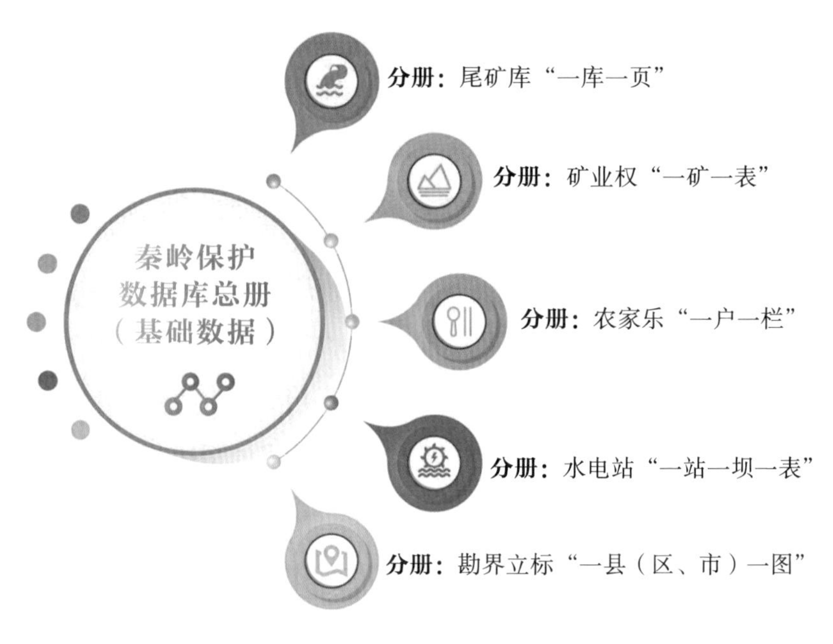

图 2-1　秦岭保护数据库内容

三、精准发挥司法作用

为更好开展秦岭生态环境保护专项工作，2022 年，陕西司法机构不断完善司法机关机构设置，更加主动精准发挥司法机构专业作用。

2022 年 7 月，陕西省十三届人大常委会第三十五次会议召开，会议批准设立陕西省秦岭北麓地区人民检察院，与西安铁路运输检察院实行一个机构、两块牌子，管辖秦岭北麓地区（西安、宝鸡、渭南等市所辖有关区县）发生的跨行政区划环境公益诉讼案件；批准设立陕西省秦岭南麓地区人民检察院，与安康铁路运输检察院实行一个机构、两块牌子，管辖秦岭南麓地区（汉中、安康、商洛等市所辖有关区县）发生的跨行政区划环境公益诉讼案件。这两个专项检察院的设立，是更好发挥司法作用、打击生态环境违法违规、提升秦岭生态环境诉讼效能的重要举措。

此前，由秦岭国家植物园、陕西省人民检察院西安铁路运输分院、陕西省公安厅森林公安局第一分局等单位联合打造的秦岭生态环境司法保护基地在西安揭牌。秦岭生态环境司法保护基地的建立，标志着司法机关会同秦岭生态保护主管单位，共同推动秦岭生态修复恢复性司法实践进入新阶段。

在司法机关增加机构设置的带动下，司法机关也积极开展打击违法违规行为。2022 年，陕西省各级人民法院充分发挥环境资源刑事、民事、行政以及公益诉讼审判职能，全面落实最严格的源头保护、生态修复和责任追究模式，严厉打击秦岭地区非法采伐、非法狩猎、非法贩卖野生动植物等犯罪活动；陕西省人民检察院在全省部署开展秦岭生态环境保护专项活动，重点监督在生物多样性保护、水资源保护、固体废物污染环境防治等领域的违法行为。

第二节　推动生态问题防范治理

2022 年，陕西省涉及秦岭管护的相关政府部门依托生态大数据，筹建“数字秦岭”，充分运用物联网、大数据、云计算等先进技术手段，强化秦岭生态环境问题监控预警，全力保护秦岭生态环境安全和生物多样性。

一、立体监测精准防治

“数字秦岭”在生态环境立体监测、防火防汛应急管理指挥分析、病虫害防治、生物多样性保护以及日常巡护管理等方面发挥了重要作用。

在多个秦岭保护站和峪口，进山游客信息、车辆信息、道路实时情况等一览无余。工作人员通过监控画面发现违规乱挖植物、危险涉水等情况，可以实时在监控室喊话提醒，或派附近巡查人员及时制止，秦岭生态保护的预测、预警、预防、指挥面貌焕然一新。

图 2-2　秦岭视频综合监管系统内容

优化整合秦岭视频综合监管系统功能，建立“视频监控 + 有奖举报 + 明察暗访”监管体系，是秦岭生态环境保护的重要措施。陕西省秦岭生态环境保护信息化网格化监管平台借助城市网格化管理模式，以信息技术为支撑，以信息化网格化融合方式实现对秦岭区域生态环境问题的监测。

具体划分时，综合了秦岭勘界规划分区界线、镇级行政区划界线、高新区（示范区）管辖界线、保护单元范围界线，秦岭区域主要山脊、山谷、河流等地理实体界线等。通过这样的形式，秦岭监管网格进一步优化升级，使秦岭网格划分更加科学合理，更加符合秦岭保护监管需要。

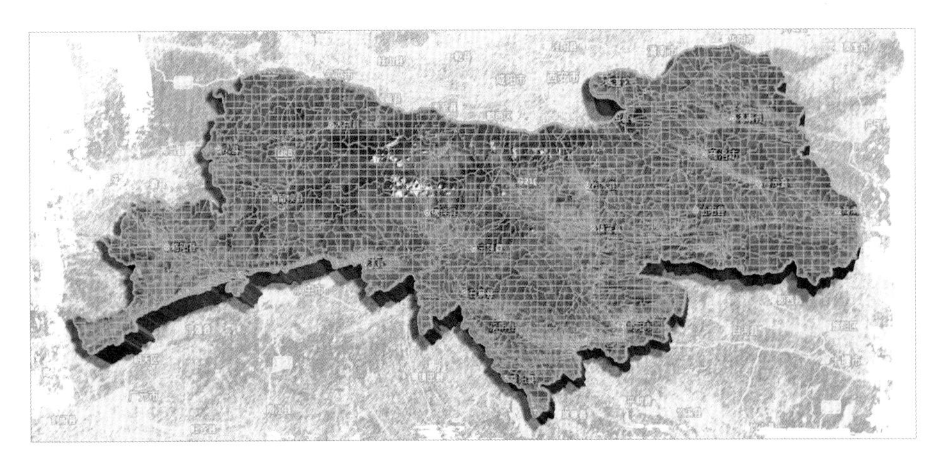

图 2-3　监管平台网格示意图

2022 年 9 月，秦岭视频综合监管系统项目通过初步验收，加上已于 2022 年 1 月 1 日起正式实施的《陕西省秦岭生态环境破坏行为举报奖励机制》等监管文件的落实，秦岭生态保护“视频监控 + 有奖举报 + 明察暗访”监管体系正式形成。

二、构建区域监测网络

2022 年，陕西省各级生态环境部门针对秦岭地区水源涵养和生物多样性重要生态功能，运用遥感监测、样地调查等手段，开展生物多样性监测，优化现有大气、水、土壤环境监测站点，逐步构建秦岭地区生态环境质量和生物多样性监控网络和预警系统。陕西省生态环境厅出台编制了《2022 年陕西省生态质量地面样地监测方案》，在秦岭区域布设 159 个生态质量监测样地，并完成样地核实工作，探索构建秦岭区域生态监测网络。

2022 年，陕西省林业局按照“1+N”平台建设和“1+N”数据中心建设框架布局，启动了“生态云”综合平台、“生态云”视频会议平台和

“生态云”生态卫士云平台上线试运行工作，完成了秦岭地区19420名生态护林员管护区分配和入网入格工作，初步实现了全省森林资源管理网格化、人员管理精细化、日常巡护可视化、应急调动智能化。

针对秦岭区域水生态环境安全，2021年起，陕西省环境监测中心站、陕西省环境保护公司两家单位开展了陕西秦岭水生态环境安全监控网络及预警体系建设（一期）项目选址工作，选址区域覆盖秦岭南麓汉中、安康、商洛3市9县区。2022年，陕西秦岭水生态环境安全监控网络及预警体系建设不断铺开，一、二期项目顺利开展，三期项目开展招标。随着这一项目的顺利开展，将为全面系统提升秦岭地区水生态环境安全监测现代化能力，为秦岭生态环境治理体系现代化奠定基础。

三、尾矿治理不留隐患

尾矿库是非煤矿山长期开采形成的严重生态创伤和重大环境隐患。此前一些年，陕西省采矿业占经济比重较大，遗留尾矿库数量较多，遗留尾矿库管控与治理已经成为秦岭生态环境治理中任务最重的工作之一。

2022年，陕西省各部门在尾矿库监管方面开展了大量卓有成效的工作。通过编制《陕西省秦岭区域历史遗留矿山生态修复实施方案》，明确矿山修复原则、标准、时限、要求。坚持“一地一策、一矿一策”，以自然恢复为主、人工修复为辅，有序完成秦岭核心保护区、重点保护区169个退出矿山生态修复工作。积极探索利用市场化手段推进矿山生态修复，将山体修复与建立矿山治理长效机制结合起来，最大限度发挥好山体修复的生态效益、社会效益、经济效益，不断改善当地居民生活条件。

针对尾矿库治理，陕西省应急管理厅制定印发了《陕西省秦岭生态保护区尾矿库安全风险源头治理顶层设计方案》和“一库一策”报告，印发《尾矿库环境分级监管清单》，将一级和二级环境监管尾矿库纳入重点排污单位名录，实施重点管控。同时将尾矿库差异化环境监管任务列入年度“双随机、一公开”监管范围。

在确保尾矿库总数“只减不增”方面，陕西省应急管理厅从“控增量”“减存量”入手，从源头严格管控新增尾矿库，全省实行新建尾矿库和闭库销号尾矿库等量置换。截至 2022 年末，陕西省完成闭库销号尾矿库 45 座。计划到“十四五”末，全省尾矿库总量控制在 150 座以内。同时，陕西省生态环境厅积极配合应急管理部门，合力推进尾矿库闭库销号进程，严格环境准入，禁止在黄河岸线 3 公里和嘉陵江、汉江、丹江、渭河等重要支流岸线 1 公里范围内，以及重要水源地范围内建设尾矿库，同步做好闭库后地下水环境监测，加强运行尾矿库环境监管，不断提升尾矿库环境监管和风险防控能力。

图 2-4　在陕西商洛市洛南县寺耳镇一处运转中的金矿尾矿库，工作人员在尾矿库子坝上进行降尘作业。（2022 年 4 月 23 日，新华社记者 邵瑞 摄）

在加大尾矿库治理资金支持方面，陕西省生态环境厅建立“一库一档”，创建尾矿库采样检测系统和数据管理系统，摸清底数、了解现状，统筹谋划尾矿库风险隐患治理，与发展改革、应急管理等部门联合编制并申请总投资估算为111.9亿元的陕西省黄河流域尾矿库集中区域综合治理项目。

四、做好小水电整治“后半篇文章”

小水电作为清洁可再生能源，曾经点亮了农村地区的万家灯火。但是，部分小水电也破坏了当地的生态环境，并造成了一定的安全隐患。为做好小水电整治“后半篇文章”，2022年，陕西省一方面开展小水电整治“回头看”，另一方面通过奖补措施，形成小水电整治和运营的正向激励机制。

2021年末，秦岭生态保护区域的438座小水电已完成全面整治。按照陕西省发展改革委（省秦岭办）《陕西省秦岭重点保护区一般保护区产业准入清单（试行）》要求，秦岭区域已不再新建小水电站项目。2022年，陕西省通过开展小水电整治“回头看”，着力巩固前期清理整改成果，排查风险隐患、压实整改责任、强化整改措施、拓展整改成果、健全管护长效机制。陕西省还召开全省整改类小水电站现场观摩会，规范秦岭区域整改类小水电站和保留大坝的日常运维管理。按照“一站一书”要求，全面、翔实、准确收集整理各类整治资料，科学制订系统性生态恢复方案，持续开展生态修复治理。

2022年，陕西省出台了秦岭区域小水电整治资金奖补工作的方案措施，对基本原则、奖补范围、标准确定、工作步骤进行了周密安排，扎实推进了小水电整治资金奖补工作，小水电整治奖补工作取得阶段性成效。

按照水利部《关于推进绿色小水电发展的指导意见》(水电〔2016〕441 号)要求，保留的小水电持续在环境、社会、经济和安全等四个方面表现优秀，处于行业先进水平的“绿色小水电”转型升级，实现在经济与生态效益上的双赢。2022 年，保留小水电的秦岭区域持续推动县域生态环境修复，走深走实小水电企业改制转型及从业人员安置问题，走出一条生态优先、安全、可持续发展道路，提供了可借鉴、可复制的样本。水利部以及陕西省水利厅均按年公布绿色小水电示范电站，并给予相应的激励。在国家、省两级 2022 年度绿色小水电示范创建电站名单中，罗家营水电站、鱼洞子水电站等秦岭区域内的“绿色小水电”均位列其中。

在秦岭生态环境高效治理下，昔日“伤疤”正在被“抚平”，小水电站过度开发影响秦岭区域完整性和原真性的问题得以解决。

第三节　不断激发生态环境活力

近年来，陕西将秦岭生态保护作为各项工作的重中之重。通过生态修复、建立生态补偿机制，进一步提升了秦岭生态环境的活力。

一、生态修复持续投入

天然林是秦岭森林的主体，占秦岭森林面积 80% 以上，于 2022 年 1 月 1 日正式实施的《陕西省天然林保护修复条例》为秦岭地区的天然林保护修复提供了政策上的依据。2022 年，陕西省落实秦岭生态保护修复资金 23.71 亿元，完成营造林任务 152.85 万亩。同时有序推进秦岭典型受损森林生态修复试验样板基地建设，10 个样板基地累计完成退化林修复试验 4000 余亩。针对秦岭生态空间困难立地生态修复的《秦岭生态空间困难立地生态修复实施方案》已通过专家评审。

2022 年，陕西省继续全面推行林长制，以秦岭北麓直观坡面和裸露土地为重点，加快森林植被恢复。推进典型受损森林生态修复试验示范，精准提升森林质量。加强森林草原火灾防控和林业有害生物防治，严格天然林管理，切实保护森林资源。

陕西省印发了《彻底除治松材线虫病死及密接松树工作方案》。通过制订松材线虫病年度防治方案，特别是国家林业和草原局发布 2022 年撤销松材线虫病疫区公告，撤销西安市鄠邑区松材线虫病疫区，松材线虫病疫情得到了有效遏制。

图 2-5　陕西西安市鄠邑区黄柏峪内一处关闭退出并经过复绿治理的石料场。（2022 年 5 月 6 日，新华社记者 邵瑞 摄）

2022 年，践行“两山理念”的重要工程——陕西秦岭北麓主体山水林田湖草沙一体化保护与修复工程项目顺利启动实施。项目以全面提升秦岭北麓主体的自然生态系统稳定性和服务功能、着力解决重点生态问题为目标，综合考虑区域内山（矿）、水、林、田、湖、草、湿、峪等生态要素，按照“一屏、一带、一山、六水”生态修复总布局细化为 10 个生态修复单元，涵盖了水源涵养功能提升、生物多样性保护、农田整治与地质环境治理、水土流失综合治理、流域生态环境综合整治等 7 大类重点工程，总投资 50.42 亿元。项目涉及西安市 4 区 2 县 1 个开发区，总面积 6466.93 平方公里，将有效提升秦岭北麓水源涵养、水土保持和生物多样性维护功能，显著提升秦岭生态系统质量，对筑牢国家生态安全屏障具有十分重要的意义。

二、生态补偿互促共赢

2022 年，陕西省秦岭区域纵横结合的补偿制度体系基本完善，探索建立水土保持、自然保护区、重要生态功能区等生态补偿办法，以涉及秦岭生态保护相关市为责任主体，统筹受益区和保护区、流域上游与下游关系，研究探索签订补偿协议，通过资金补偿、产业扶持、共建园区等多种形式开展横向生态补偿。

为落实生态环境损害赔偿制度，2022 年，陕西省财政厅、陕西省发展改革委联合印发《陕西省秦岭生态环境保护纵向综合补偿实施方案》，陕西省生态环境厅与陕西省财政厅联合印发《陕西省生态保护纵向综合补偿实施方案》，将秦岭生态环境质量相关指标作为重要因素，探索建立省对市县纵向综合性生态补偿机制。此外，陕西省水利厅还出台《关于秦岭区域小水电整治资金奖补指导意见》。

这些制度旨在提高基层秦岭保护资金保障能力，创新财政支持方式，将县（区）秦岭生态环境改善程度作为衡量补偿资金使用效益的重要标准，并同下年度补偿资金预算安排相挂钩，下放项目审批权限，充分激发涉秦岭相关县（区）活力。在补偿机制倒逼下，秦岭区域各项指标考核均已达标。

第四节　监督检查推动扎实整改

2022 年，陕西省通过监督检查、交叉执法、专项执法及暗访检查等形式，不断深入进行督查检查，及时发现问题、传导责任压力、夯实工作基础，形成了严密高效的督导机制，推动秦岭区域各项问题扎实整改、前期成效巩固保持、生态环境不断优化。

一、监督检查巩固成效

2022 年，秦岭生态环保督查覆盖省市县（区）各层级。在省级层面，陕西省人大常委会组织开展了《陕西省秦岭生态环境保护条例》执法检查；陕西省政协调研组开展了“秦岭生态环境保护和修复”专项民主监督视察。

围绕秦岭生态环境保护突出问题整改落实情况，陕西省采取省级督查和市级互查同步进行方式，分现地检查和问题整改两个阶段推进。开展自然保护区疑似问题点位排查整治。组织开展了秦岭区域内 8 个国家级、省级自然保护区 92 个遥感监测疑似问题点位核实整改工作；组织开展了国家公园、国家级风景名胜区、省级自然保护区遥感监测疑似重点问题线索实地核查工作。

在巩固拓展整治成效方面，2022 年，陕西省委、省政府印发了《陕西省贯彻落实第二轮中央生态环境保护督察报告整改方案》，并召开第二轮中央生态环保督察整改工作安排部署会，高位推动中央生态环保督察整改。建立中央和省生态环保督察反馈问题清单台账，实行清单化调度管理。组织各驻市督察局对整改任务进展情况开展实地核查，夯实整改责任。陕西省对中央、省级层面反馈的涉及秦岭保护修复方面的突出问题，特别是中央环保督察、省人大《条例》执法检查反馈问题，持之以恒紧盯整改全过程，做到不彻底解决坚决不放手。目前，第二轮中央生态环保督察涉秦岭的 11 个问题，均已制定了切实有效的整改方案并积极推进整改。第二轮省级生态环保督察涉及秦岭保护修复的 17 个问题，15 个已整改完成，其余正按时序进度推进。

二、交叉执法强化落实

秦岭联合交叉执法检查由陕西省生态环境厅和陕西省秦岭办共同牵头，并会同有关部门组成陕西省联合巡查组；陕西省测绘局负责提供卫星图片及发现问题图斑等相关数据资料，做好技术保障支持；涉秦岭 6 市政府具体负责各自交叉执法检查任务。

秦岭联合交叉执法检查将中央生态环境保护督察反馈问题整改情况、秦岭生态环境保护 2019—2021 年审计查出问题整改情况、秦岭区域“绿盾 2017—2021”自然保护地强化监督工作未销号问题和突出生态破坏问题整改情况、《秦岭生态环境保护突出问题 2022 年台账》落实情况、秦岭生态环境保护网格化监管平台监测发现疑似问题情况、秦岭生态环境保护暗访反馈问题整改情况和新发现的破坏秦岭生态环境保护问题 7 个方面纳入检查范围。

通过秦岭联合交叉执法检查，有力督促了中央、陕西省级反馈问题整改，巩固拓展整治成果，促进持之以恒保护好秦岭生态环境，筑牢国家重要生态安全屏障，让秦岭美景永驻、青山常在、绿水长流。

图 2-6　陕西朱雀国家森林公园内的景色（2023 年 7 月 21 日摄，无人机照片）。“但看秦岭朱雀景，奇峰险秀乱石颜。”陕西朱雀国家森林公园位于西安市鄠邑区南部东涝河上游、秦岭北侧，总面积 2621 公顷，山脉高大，峰峦层叠，沟谷交错，相互隐映，最高峰冰晶顶海拔 3015 米。由于公园内的山脉为北秦岭褶皱带的组成部分，构造变动频繁，岩石变质作用强烈，形成了大片石海及众多奇秀山峰。一路登顶，沿途可见原始森林、奇杉古松、冰川遗迹、云海奇观等众多景观。（新华社记者 刘潇 摄）

三、专项行动维护秩序

开展专项行动维护秩序，也是陕西省政府部门年度秦岭生态环境保护的重要方式。陕西省公安厅集中开展“三清（清网、清套、清夹）”“2022 清风”行动，向破坏野生动植物资源违法犯罪发起凌厉攻势，全环节实施精准打击，强有力打击和震慑了违法犯罪，同时与其他部门共同巡护自然保护地、野生动物活动区域 1800 余处（次），向破坏野生动植物资源违法犯罪活动发起攻势，全环节实施精准打击。

陕西省公安厅、交通运输厅、生态环境厅、水利厅、应急管理厅等省级有关部门开展水源地运输安全专项整治工作，加强重点水域沿途道路运输风险管控，开展水源地危险化学品运输安全专项整治工作，提高风险防范和预警监测能力。2022 年全年未发生重大、特大危化品运输车辆交通事故。

陕西省生态环境厅根据生态环境部统一要求，继续开展了“绿盾”自然保护地监督检查专项行动，通过推送问题线索、开展实地核查、省级联合检查等方式，督促涉自然保护地生态环境问题彻底整改。在“绿盾”专项行动及其他各项工作措施的带动下，陕西省生态环境厅把涉及秦岭生态环境问题作为重点内容，定期调度、重点督办，推动中央、陕西省生态环境保护督察涉秦岭问题按时彻底整改，紧盯饮用水水源地、尾矿库、危险废物等重点领域，全力防范化解生态环境风险隐患，确保区域生态环境安全。

陕西省自然资源厅紧盯前两年未整改到位的乱搭乱建、乱采乱挖问题以及 2022 年市县巡查发现的“两乱”问题、土地矿产卫片执法发现的问题列入 2022 年工作台账。同时，督导市、县自然资源部门，积极推进 75 个群众举报秦岭区域“两乱”问题线索核查整改工作。

陕西省文化和旅游厅、省自然资源厅等部门和各地市政府对照《风景名胜区条例》和《陕西省秦岭生态环境保护条例》，对秦岭区域 4A 级以上（含 4A 级）旅游景区内建筑物（构筑物）以及相关文旅项目，开展专项行动，逐一现地核查研判，对违法占地、未批先建、批小建大、批建分离、以罚代批等问题，特别是以配套建设之名对外出售，以长期租赁之名变相销售，或用于个人住用的，依法依规整治到位。

专项行动坚持查改结合、依法处置，对重点整治工作任务依法依规进行严厉处置，巩固和深化了各类整治工作成效，维护了陕西省秦岭生态环境保护秩序。

四、暗访检查压实责任

为深入贯彻落实陕西省委、省政府安排部署，持续加强秦岭生态环境保护工作，2022 年，陕西省多个政府部门对秦岭生态环境开展了常态化暗访检查。

2022 年，陕西省秦岭办依托信息化网格化监管平台，成立明察暗访组，对相关县（市、区）实现暗访全覆盖，并对暗访检查发现问题集中研判座谈，针对暗访发现的问题线索建立台账，实行动态销号管理，全面聚焦问题高发区域、易发领域、频发行业，深入开展问题排查，厘清问题底数，实行动态管理。

针对秦岭生态环境保护，陕西省自然资源厅、陕西省生态环境厅执法局等省直机关也开展了相关暗访工作。在省直部门的带动下，陕西省各级政府也陆续开展暗访检查，实现了对有关问题早发现、早制止、早查处、早消除；形成了压力传导，压实属地责任，推动市县政府履行好主体责任；回应了社会热点或群众关切问题，维护秦岭保护的良好社会氛围，推进秦岭生态环境持续向好。

第三章
2022 秦岭生态环境之“新”

青山绿水皆成画，蓝天白云尽悠然。经过多年的持续治理，秦岭正以前所未有的新姿态展现在世人面前，漫步秦岭山间，天变得更蓝了，水变得更清了，秦岭也变得更绿了，满眼皆是欣欣向荣的生态美景。

回溯 2022 年，随着秦岭国家公园创建正式获批，国家版本馆开馆迎客筑就了秦岭北麓文化高地，牛背梁国家级自然保护区入选 2022 年国家青少年自然教育绿色营地等一系列利好消息落地，有关秦岭的守护与研究探明了高效保护与合理利用的价值转换路径。尤其是随着秦岭生态价值转换由点到面，从理论变为案例，一场“杠杆式”实践探究正深厉浅揭地撬动着秦岭内在生态价值跃向高质量发展新台阶。2022 年，关于秦岭研究的机构、项目也在这一年举步生风，为秦岭乃至更为广阔地区的生态环境保护治理与发展提供了借鉴和参考。

第一节　绿色秦岭逐梦国家公园

国家公园是指由国家批准建立，以保护具有国家代表性的自然生态系统为主要目的，实现自然资源科学保护和合理利用的特定陆域或海域。建设国家公园，就是要把自然生态系统最重要、自然景观最独特、自然遗产最精华、生物多样性最富集的区域保护起来，支撑和引领我国自然保护地体系的建设和发展。

数亿年的地球构造运动，塑造了秦岭峰峦叠嶂、沟壑交织的复杂地形，以秦岭为屏障，中国地理版图横亘出一条东西绵延、南北过渡的分水岭，默默地撑起了华夏民族的脊梁，秦岭也因此在中华历史的舞台上熠熠生辉，这一川山脉旷日积晷蕴藏而生的喷薄动能，也是如今秦岭建设国家公园的最大底气。

一、秦岭国家公园的创建历程

从 20 世纪 90 年代开始，围绕秦岭建设国家公园的建议提案呼声越来越高。2006 年，陕西省林业厅开始提出筹建“秦岭中央国家公园”的设想，而后，历时 10 余年的实地考察、调研总结，2021 年 10 月，中国第一批 5 个国家公园正式宣布设立，包含秦岭片区的大熊猫国家公园便是其中之一，同月，国家公园管理局正式批复了陕西省人民政府《秦岭国家公园创建方案》，秦岭国家公园创建进入实施阶段，这个长期以来萦绕在陕西人心中的梦想终于从蓝图跃向现实。

2022 年，秦岭国家公园创建工作全面推进，顺利通过国家评估，这标志着陕西连同大熊猫国家公园在内的自然保护地体系建设取得新进展，并一举迈上了国家级平台公园建设的梯队。与此同时，陕西省编制了秦岭国家公园总体规划，并开展秦岭国家公园宣传语征集活动，秦岭国家公园标志开始征集并完成设计初评、终评会。陕西省正以成立大熊猫国家公园和建设秦岭国家公园为契机，构建以国家公园为主体的自然保护地体系。

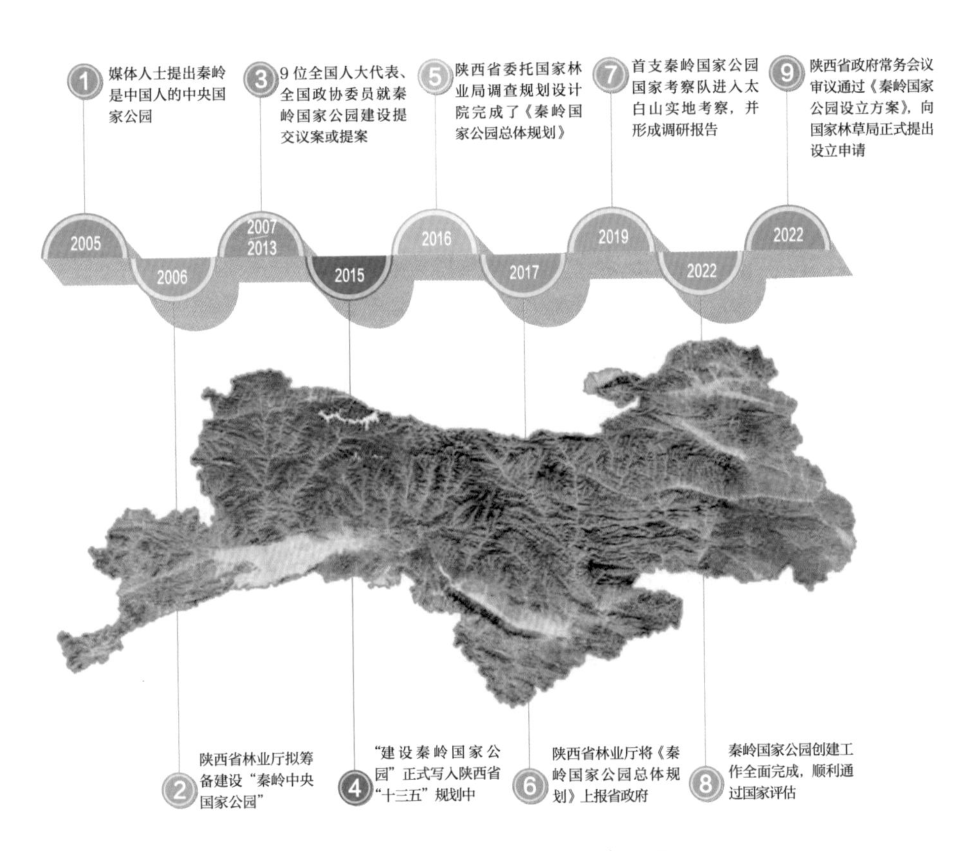

图 3-1 秦岭国家公园创建历程

二、秦岭国家公园的设计范围

为把秦岭生态系统中最重要、自然景观最独特、自然遗产最精华、生物多样性最富集等生态核心区域纳入有效管理，陕西省于2021年成立了建设秦岭国家公园工作领导小组，根据建设秦岭国家公园工作领导小组设置安排调研，相关专家组深度对接《陕西省秦岭生态环境保护条例》和生态保护红线划定、自然保护地优化整合成果，提出了秦岭国家公园的范围分区。

创建区范围沿陕西秦岭山系主梁，东至渭南白云山，西至陕甘省界马家沟，南至汉中市勉县长埫梁，北至华阴索家窑。国家公园涉及陕西省西安、宝鸡、渭南、汉中、安康、商洛6市21个县（市、区）110个乡（镇）。其中，核心保护区8240平方公里，占比61%；一般控制区5275平方公里，占比39%。

创建区位于秦岭核心区域，涵盖65个自然保护地和《条例》划定的部分核心保护区、重点保护区、一般保护区。其中，自然保护区26个、森林公园30个、湿地公园3个、地质公园2个、风景名胜区4个，自然保护地总面积7067平方公里，占创建区总面积53%。《条例》规定的部分核心保护区划入面积6303平方公里，占比83%；《条例》规定的部分重点保护区划入面积6269平方公里，占比41%；《条例》规定的部分一般保护区划入面积941平方公里，占比3%。

创建区林地面积1.32万平方公里，占国土空间面积的97.97%，森林覆盖率92.13%。区内记录有脊椎动物793种，秦岭特有种（亚种）11种；高等植物3196种，国家重点保护野生植物35种。

通过探索秦岭国家公园建设，秦岭地区自然保护地构建了清晰规范的资产产权制度、统一高效的生态治理体系、保障有力的公众服务系统、

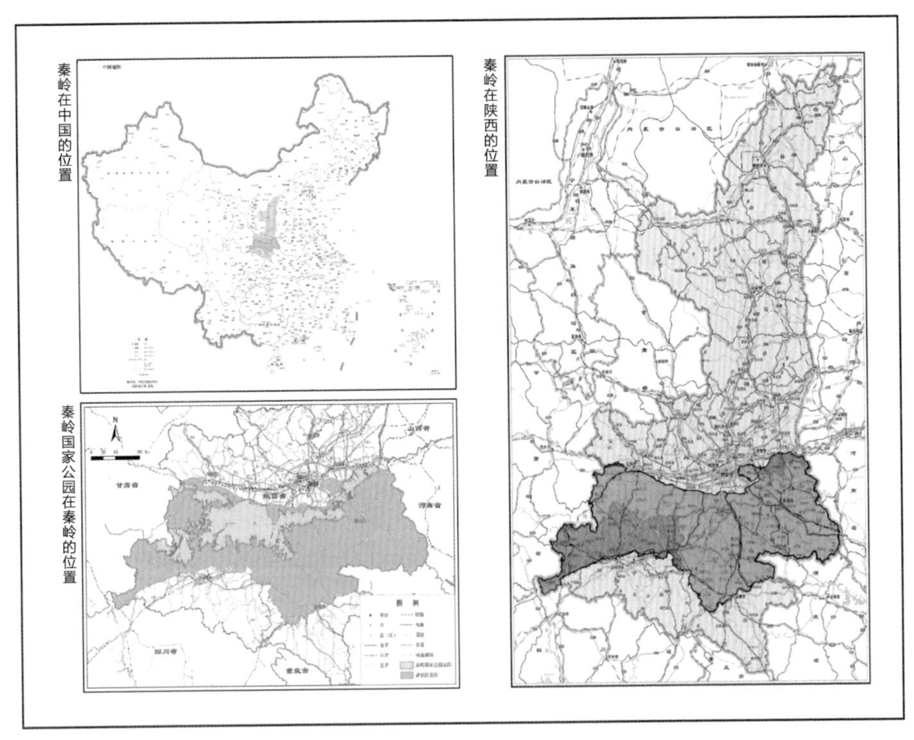

图 3-2　秦岭国家公园范围示意图（资料图片）

统筹有度的社区协调机制，从规划编制实施、勘界立标、机构设置、资产监管、生态修复、基础设施、监测感知、公众服务、社区协调等方面为秦岭地区生态保护和高质量发展提供制度保障。

第二节　多彩秦岭赋能文旅底色

千里横黛色，数峰出云间。秦岭地形地貌复杂、生物多样性丰富、山地气候多样，为开发生态旅游景区提供了自然条件。

从“十三五”到“十四五”，陕西以推动秦岭国家公园创建为抓手，充分挖掘秦岭生态文化旅游资源。陕西省秦岭范围6市21个县（区），目前整合自然保护区、自然公园、风景名胜区65处，地质遗迹41处，规划秦岭国家公园总面积约1.35万平方公里。

2022年以来，通过开展系列旅游推广活动，“打卡秦岭”正在为当地群众兑现生态价值的重要抓手。秦岭腹地，各县区打造“集体经济+农户+民宿运营方”的三方共赢模式，让老房“翻陈出新”，推行“生态+N”模式，发展“生态+旅游”“生态+康养”等模式，打通了“绿水青山”向“金山银山”转化的通道。

一、康养产业成为绿色经济新业态

秦岭区域森林资源丰富，覆盖率达82%，发展康养产业有得天独厚的优势。2022年，陕西省涉及秦岭保护范围的区域在充分保有原森林覆

图3-3　秦岭深处的康养小镇棣花古镇（2021年8月26日摄，无人机照片）。近年来，秦岭深处的陕西省商洛市丹凤县棣花古镇，利用山清水秀的独特优势，依托田园养老产业，打造“养老+农事+康养”的养老模式，集蓝玫瑰葡萄采摘、千亩李梅园、千亩荷塘、露天蔬菜种植等项目发展，重点培育健康养老养生产业，多元化开发康养旅游产品，加快了“康养+”新业态培育和产业融合发展，已成为远近闻名的生态养生小镇和康养旅游度假目的地。（新华社记者 陶明 摄）

盖现状的前提下，结合秦岭区域宜人气候、秀美山水的生态资源，以康养产业为代表的秦岭区域生态利用型产业正持续发力，并逐渐成为秦岭绿色经济发展新的突破口。

此外，陕西省秦岭区域部分市县还将从构建特色产品品牌、精细打造文化饮食、大力发展景区民宿、积极培育夜间经济等方面，补齐康养产业发展短板，对商洛特色食品、农产品统一公用品牌，建设一批以药膳美食、健康饮食、食疗养生为主题的餐饮、名店、特色街区，建设特色民宿集群，打造夜间消费示范街区和二次消费业态。

二、特色民宿成为秦岭旅游新方式

民宿是为游客提供体验当地自然、文化与生产生活方式的旅游载体。2022 年，中共中央、国务院发布《关于做好 2022 年全面推进乡村振兴重点工作的意见》，明确提出实施乡村休闲旅游提升计划，支持农民直接

图 3-4　游客在一家民宿内休息聊天（新华社记者 邵瑞 摄）

经营或参与经营的乡村民宿、农家乐特色村（点）发展。

2022 年《陕西省进一步加强生物多样性保护的实施意见》印发，明确在政策允许前提下，可以开展全域旅游示范区创建、自然康养、生态旅游等多样化生态产品，这为秦岭地区民宿产业发展再添“一把火”。

如今，在秦岭地区，民宿产业已历经了从无到有、从粗到精、从小到大的发展进程，很多乡村民宿已从单一的住宿向乡村综合体转型，并形成了区域点状分布、局部高端化发展态势，民宿经济与实施乡村振兴战略、带动当地百姓脱贫致富结合起来，成为农民就业增收、农村产业转型的新渠道。

据不完全统计，秦岭地区目前成规模的民宿已超过 50 家，这些民宿

图 3-5　终南山寨石板街道人流熙攘（2023 年 7 月 22 日摄，无人机照片）。陕西省商洛市柞水县牛背梁脚下的终南山寨，是用石头述说陕南民居建筑历史的村寨，由秦岭老屋、阳坡院子、峡谷运动乐园、佬林客栈、终南山房、佬林养生苑等 6 大板块组成。在山寨的石板古街道上，游客可以品尝全国各地的小吃，体验水磨、打草鞋、磨剪子、捏糖人、老式打铁、露天电影等。众多游人在古寨幽径中感受诗意乡村、寻觅袅袅乡情。（新华社发 赵晓罡 摄）

或者位于旅游景区周边，坐落于秦岭山脉深处，依山傍水，镶嵌于松林之中；或者在小城闹市之间，周边延续着几十年前的城镇生活旧态，它们为游客提供的不仅是住宿，还拓展了更多消费场景，“民宿 + 文创”“民宿 + 美食”“民宿 + 滑雪”“民宿 + 康养”等业态已成为当地消费种类的新生力量。

三、美丽乡村成为秦岭治理新样本

2022 年，陕西省涉及秦岭保护区域继续创新生态旅游模式，通过乡村重塑、乡村改造、乡村提升带动农村地区打造有乡愁、有颜值、有气质、有收益的美丽乡村，并最终实现了价值的就地转化。与此同时，通过资源入股、投工投劳带动创收，将乡风文明融入村民日常生活当中，为秦岭山区荒废的农村现状治理提供了新样本。

随着乡村产业、人才、文化、生态和组织振兴多层次融合交织，秦岭保护范围内一批批美丽乡村正不断涌现，越来越多的农民在家门口吃上了旅游饭，而乡村旅游也成为人们放松身心、寻觅乡愁的重要选择。宽阔整洁的乡村道路、崭新漂亮的农民新居、趣味盎然的农事活动……诗意中的田园生活梦想，正在秦岭山里山外的美丽乡村中一一实现。

第三节 人文秦岭筑就精神高地

秦岭哺育了渭河，滋养了关中平原，守护并成就了中国历史上最早的“天府之国”。纵览华夏版图，尚不能找到一座山脉像大秦岭这般，一座山延续了一个民族的历史记忆，一座山见证了一个族群文明的历史先河。

作为中国非常重要的一座生态屏障，秦岭的价值不仅仅单纯地体现在生态环境上，而且也体现在文化价值和历史价值上。在整个古代社会发展过程中，秦岭对中华文化的形成和发展发挥了重要作用。时至今日，秦岭依然沉淀了丰富的人文和历史景观，拥有十分厚重的文化内涵和历史底蕴。2022 年，位于秦岭圭峰山脚下的国家版本馆西安分馆落成，成为新时期秦岭传承中华文脉、彰显文化自信和守正创新的地标。

一、国家版本馆西安分馆承汉风唐韵

秉持创新、协调、绿色、开放、共享的新发展理念，依秦岭而建的国家版本馆西安分馆，体现出“天人合一”“贵和尚中”等历史智慧，成为人文秦岭的一大标志。

这一由中国工程院院士张锦秋领衔设计的国家版本馆西安分馆，于 2022 年 7 月 30 日正式开馆。其依秦岭而建，以“山水相融、天人合一、汉唐气象、中国精神”为设计主导思想，总体格局力求方正、大气、典雅，并利用山峦地势起伏，形成中心对称、园林交错的建筑景观。

国家版本馆是文脉赓续的传世工程，也是文明互鉴的重要窗口。“存史启智，以文化人”，于绿水青山间寻找文明底蕴，在国家文化殿堂里树立文化自信、传承文化遗产，体现了天人合一、万物并育的生态理念。

国家版本馆西安分馆由“中华文明、民族根脉”“延安精神、红色基因”“民族复兴、伟大梦想”三大主题展厅组成，集中展示、收藏、研究、交流社会主义先进文化、革命文化、中华优秀传统文化，成为秦岭脚下气势恢宏又与周边自然相映成趣的重要建筑，为秦岭增加了新的文化风貌与特色景致。

建于秦岭之麓的国家版本馆西安分馆，将提醒人们保护文化多样性，推动不同国家、不同民族文化包容互鉴、美美与共。传承汉风唐韵的国家版本馆西安分馆，未来将发挥中华版本的纽带作用，为讲好中华民族文明故事、讲好新时代生态文明故事，向世界展现可信、可爱、可敬的中国形象。

图 3-6　西安国家版本馆（无人机照片）。（新华社记者 李一博 摄）

二、“艺术乡建”丰富秦岭老乡文化生活

秦岭是一片文化与自然遗产资源紧密交融的区域，既拥有众多世界级的地质遗迹，也因其适宜的环境成为人类文明的涵养地。

在西安市鄠邑区，用艺术点亮乡村，唤醒乡村沉睡文化，正成为“人文秦岭”的又一种表达方式。在秦岭北麓，西安市鄠邑区蔡家坡、栗峪口等脱贫村策划出“麦田交响乐”“乡村美术馆”“大地艺术展”等“艺术乡建”项目，已成为当地文旅品牌，极大丰富了周边群众的文化生活。

图 3-7　村民骑车经过西安市鄠邑区蔡家坡村的主题壁画（2022 年 7 月 5 日，新华社发 李一博 摄）

将乡土变为艺术空间，将田野化为展演现场，将传统乡村的生活方式与现代生活的美学相结合，“艺术乡建”不仅为秦岭乡村打造出新的生活场景，也正在为乡村带来更多流量和关注。

在秦岭南麓，安康市宁陕县立足底蕴丰厚的秦岭腹地的优势条件，先后启动了秦岭地质博物馆、大秦岭写生创作基地等项目建设。宁陕县的“渔湾村博物馆”里，以多视角展示民俗风貌，记录鲜活的村民故事，借此激发对故乡的感怀，一座村庄的生长路径，唤醒人们对土地、环境与人文的感知与敬畏。

秦岭融合了人与自然的贡献，是具有文化、自然双重价值的“自然文化遗产”，承载着人们对于美好生活的向往。可见，秦岭的人文涵养与文化遗产的保护仍是一个浩大的工程。

第四节　生态秦岭实现价值转化

随着“绿水青山就是金山银山”理念不断发展实践，生态产品价值核算已成为近年来学术研究的热点和政府决策的重点内容。生态产品价值实现是将生态价值转化为社会价值和经济价值的过程，是实现“绿水青山就是金山银山”的先行条件，也是推进生态文明建设和山区绿色经济发展的必经之路。2022 年，为进一步摸清生态产品价值，助力价值实现转化，推动地区绿色发展，陕西省继续开展秦岭生态产品价值转换探索实践，取得了阶段性成果，为秦岭生态环境保护提供了新思维与新思路，使“绿水青山”的底色更亮、“金山银山”的成色更足。

一、陕西在秦岭区域率先开展生态产品价值核算

陕西省的生态产品价值核算工作首先在商洛市开展，2021 年商洛市发展改革委联合中国科学院地理科学与资源研究所启动了商洛市生态产品价值核算与实现机制的有关研究，通过一年时间的研究，取得了较丰富的成果，包括建立形成了商洛市乃至秦岭的生态系统价值核算体系与模式、核算指标，评估了地区生态产品价值等。本研究对于探寻秦岭生态系统服务功能的经济价值，进一步建立具有本地特色的生态产品价值实现机制具有重大意义。

开展秦岭地区生态系统生产总值价值核算工作，探寻生态产品价值实现过程，建立健全生态产品价值实现机制与路径，既是贯彻落实习近平生

态文明思想、践行“绿水青山就是金山银山”理念的重要举措，也是坚持生态优先、推动绿色发展、建设生态文明的必然要求，并由此助力实现秦岭良好的生态效益、显著的社会效益和可观的经济效益，进一步推动周边地区的发展与共同富裕。

二、年度六项常见生态系统调节服务价值总量

自然生态系统提供的生态产品包括水源涵养、土壤保持、固定二氧化碳、释放氧气、净化空气、调节气候等。经调查评估，2022 年秦岭陕西省范围内水源涵养价值量为 1978.78 亿元。水源涵养量主要受到降雨、蒸散发、植被与生态类型等因素的影响，降雨量与植被覆盖率越高，水源涵养量越高。秦岭水源涵养能力近年来较为稳定，根据《2021 年秦岭生态气候公报》，秦岭水源涵养量目前处于较高水平，2000—2021 年区域整体多年平均值为 271.3 毫米，整体呈不显著的增加趋势，增加速率为 2.70 毫米 / 年。

2022 年秦岭土壤保持总价值量为 542.05 亿元。土壤保持是生态系统重要的调节服务功能之一，可以通过潜在土壤侵蚀量和实际土壤侵蚀量的差值得到，从总量上来看，秦岭南麓的土壤保持价值量大于北麓，在分布规律上与水源涵养生态功能类似，这主要是由秦岭南麓植被覆盖率与降雨量均大于北麓所导致。

根据 ICAP（国际碳行动伙伴组织）公布的 2022 年度欧盟碳交易价格，秦岭 2022 年碳储量经济价值为 6242.3 亿元，释氧经济价值为 365.36 亿元，主要受到降雨、气温、蒸散发及海拔等多种因素的综合影响。《2021 年秦岭生态气候公报》显示，2001—2021 年秦岭以占全省 28.3% 的国土面积，为全省贡献了 38.7% 的植被总初级生产力，成为陕西省生态碳汇

的压舱石，为秦岭生态系统良好的固碳功能奠定了重要基础。

2022 年秦岭空气净化总价值量为 43.82 亿元，其中 SO_2、NOx、烟粉尘的净化成本分别为 0.08、0.19 与 43.55 亿元。2022 年秦岭气候调节价值量为 2611.41 亿元，主要是通过植被蒸腾作用、水面蒸发过程吸收太阳能，降低气温、增加空气湿度，从而达到改善人居环境舒适程度的生态功效。调查采用植被、湿地生态系统蒸腾蒸发总消耗的能量作为气候调节的功能量，根据当地平均电价核算价值量。2022 年商洛段由于其全境位于秦岭范围内，仍是气候调节价值总量最高的地区，汉中段总量增幅最大。

2022 年秦岭 GEP（生态系统生产总值）核算共包括了以上 6 项常见的生态系统调节服务价值总量，未来还有待进一步开展在生态系统的物质供给与文化服务方面的价值量核算。

第五节　魅力秦岭探究硕果累累

作为全球 34 个生物多样性热点区域之一，秦岭是名副其实的“中华基因库”，有关秦岭的研究热潮近年来一直从未间断。2022 年，在陕西省各科研单位几代科研人员持续接力的基础上，有关秦岭生物多样性研究与保护取得了许多丰硕的成果。而随着秦岭生态环境保护进入了高质量保护阶段，需要向科技创新要办法，以“硬核”技术引领秦岭生态文明建设是未来发展的必由之路。

一、秦岭生态环境科研平台建设取得新进展

2022年，陕西省围绕生态学、环境科学等领域，支持建设“秦岭水源地水质陕西省野外科学观测研究站”等基础研究平台5个，为进一步科学研究提供基础数据支撑；围绕秦岭生物多样性监测评估等方向，支持建设“陕西省秦岭生态智能化监测与保护重点实验室”等省级重点实验室2个，为陕西省打造秦岭国家公园以及申报国家重点实验室做好条件保障。

2022年6月，由陕西省科学院下属4家研究所和中国科学院地球环境研究所联合组建了陕西省秦岭生态安全重点实验室，将依托单位资源优势，研究水资源监测预警与生态修复、植被结构优化与水源涵养提升、生物多样性保护与生态基准、外来入侵物种与有害生物防控、生物资源保护与可持续利用等课题，为秦岭生态文明建设和生物多样性保护提供有力科技支撑。

此外，陕西省还培育建设了陕西省中药材科技示范基地12个，延展产业领域、强化环境保护、促进农民增收；支持建设“秦岭特色生物资源研发关键技术创新团队”等人才队伍2支；围绕新能源、绿色环保等领域，部署建设“大型调水工程受水区水土环境演化及其生态效应”等“科学家+工程师”队伍23支，多领域跨学科开展前沿、重大关键共性技术攻关。

表 3-1 2022 年陕西省科技厅建设科技创新平台清单（部分）

序号	平台名称	承担单位	推荐单位
01	秦岭水源地水质 陕西省野外科学观测研究站	黄廷林	西安建筑科技大学
02	秦岭南麓生态水文 陕西省野外科学观测研究站	赵　培	商洛学院
03	秦岭金丝猴大熊猫生物多样性 陕西省野外科学观测研究站	李保国	陕西省科学院
04	黄河中游地球关键带水文生态 陕西省野外科学观测研究站	王文科	长安大学
05	杨凌土壤质量 陕西省野外科学观测研究站	杨学云	西北农林科技大学
06	陕西省秦岭生态 安全重点实验室	陈怡平	陕西省动物研究所
07	陕西省秦岭生态 智能化监测与保护重点实验室	郝占庆	西北工业大学

二、秦岭生态环境研究为科学保护提供新支撑

以往由于科学研究技术手段相对落后，制约了秦岭生物多样性研究进展，因而对陕西秦岭地区大熊猫、羚牛、金丝猴等野生动物种群数量大小阈值、生活习性、繁殖特征等并不十分清楚。为加强秦岭生态文明建设、研究与保护，秦岭生物多样性亟须新技术支持。

2022 年，陕西省众多生态环境研究机构围绕秦岭科学保护开展了支

撑研究。在生物多样性保护方面，攻克了多项难关，在秦岭皇冠森林建设动态监测样地，对胸径大于 1cm 的木本植物的物种名称、胸径、坐标位置等进行准确测量、挂牌标记。围绕陕西主要野生动物资源，初步建立了北极狐、乌苏里貉、林麝、红腹锦鸡等 10 种野生动物保种场和 20 种 2000 余份野生动物精子库，其中林麝、红腹锦鸡、褐马鸡填补了我国野生动物精子保存的空白。通过自主开发 Tri-AI 个体识别系统，实现了对 41 个灵长类代表性物种和 4 种肉食动物群体的识别、探测与追踪，让秦岭真正成为“动植物的王国”。

在尾矿库区生态修复方面，鉴选出适宜铅锌尾矿库区生态环境且具有抗旱、耐 Pb 特征的树种和草种，提出了利用有机、无机改良剂固化、改良尾矿砂基质的改良剂种类、配方及施用方法，并总结出一套尾矿砂基地区植被节水抚育系列技术，为不同类型干旱区铅锌矿区尾矿库废弃地人工植被恢复与重建中的适生修复树种、草种选择，绿色螯合剂强化修复技术的应用提供了理论依据。在废气治理方面，完成了汽车 4S 店、包装印刷、机械加工、家具制造等多个典型行业的 VOCs 排放特征分析和排放系数测试，建立了全负压风量平衡系统，实现了吸附剂循环利用，使企业运行成本降低 40% 以上。

表 3-2　秦岭生态保护领域获得陕西省科技成果奖励清单（部分）

序号	项目名称	获奖人员	申报单位	推荐单位	获得奖项
01	黄河上中游水生态演变机制与修复关键技术	潘保柱，李鹏，李明，吴文强，赵进勇，李军华，邢迎春，任宗萍，申震洲，赵耿楠，吴海明	西安理工大学，西北农林科技大学，中国水产科学研究院，黄河水利委员会黄河水利科学研究院，中国水利水电科学研究院	陕西省教育厅	科技进步一等奖

（续表）

序号	项目名称	获奖人员	申报单位	推荐单位	获得奖项
02	生态脆弱区矿山动力灾害发生演化机制与预测调控技术	来兴平，单鹏飞，曹建涛，崔峰，欧阳振华，任奋华，李超，申艳军，杨文化，方贤威，许慧聪	西安科技大学，北京科技大学，华北科技学院	陕西省教育厅	科技进步一等奖
03	农业生态系统水分消耗及温室气体排放对变化环境的响应	蔡焕杰，孙世坤，谷晓博，徐家屯，张鑫，代锋刚	西北农林科技大学，河北地质大学	杨凌农业高新技术产业示范区管理委员会	自然科学二等奖
04	秦岭主要珍稀野生动物抢救饲养繁育关键技术研究	雷颖虎，高更，何刚，马清义，张军风，贾康胜，刘文旺，赵鹏鹏，刘海金	秦岭大熊猫研究中心（陕西省珍稀野生动物救护基地），西北大学，西北农林科技大学	陕西省林业局	科技进步二等奖
05	汉江上游鳜鱼资源调查评估及翘嘴鳜人工繁育技术研究与示范	陈苏维，吉红，李婧，单世涛，栾国平，黄陈翠，赵春明	安康学院，西北农林科技大学，安康市汉滨区安瀛农业科技有限公司	安康市人民政府	科技进步三等奖

三、秦岭生态环境科研成果发表再上新台阶

在中国知网（www.cnki.net）以“秦岭生态环境”为关键词进行文献检索发现，2012—2022年共有相关学术论文293篇，发文量呈现逐年递增趋势，2022年共发表论文32篇。研究主题主要涵盖“秦岭北麓”“生态环境保护”“生态文明建设”“生态旅游”“生态修复”“景观格局”等内容。

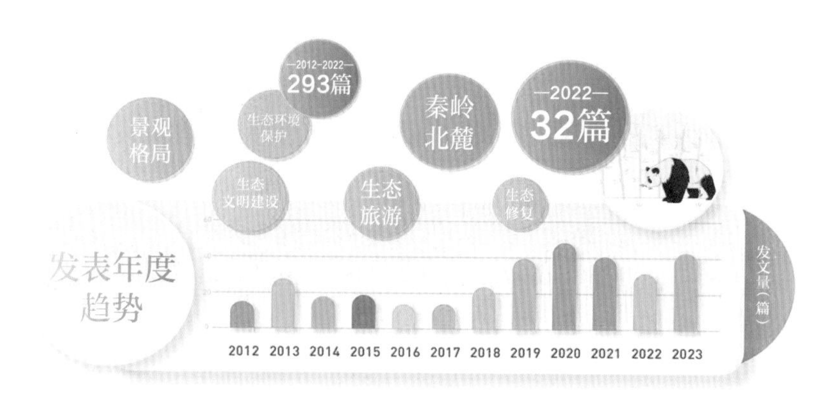

图 3-8 “秦岭生态环境”主题学术论文发表统计

在发文机构方面，除西安建筑科技大学、西北大学、长安大学、西北农林科技大学等高校之外，还有陕西省林业科学院、陕西省秦岭植物园、陕西省环境科学研究院、陕西省林业调查规划院等科研单位发文较多。文章整体权威性较高，涉及面广，体现了近年来陕西省内的高校科研院所对于秦岭生态环境保护的关注度正在逐步上升。

图 3-9 秦岭主峰太白山（2020 年 9 月 2 日摄，无人机照片）（新华社记者 邵瑞 摄）

第二编

牢记“国之大者”扛起政治责任

第四章
西安市：思想到位保护到位 书写秦岭北麓生态新画卷

近年来，西安市深入贯彻落实习近平总书记来陕考察重要讲话和关于秦岭生态环境保护的系列重要指示批示精神，深刻吸取秦岭违建事件教训，牢记“国之大者”，自觉扛起秦岭生态环境保护政治责任，聚焦“思想到位、整治到位、修复到位、保护到位”，在违建整治、峪口峪道整治、突出问题整改、勘界立标、生态修复、网格化管理、智慧化管控等方面成效明显，秦岭生态环境质量持续好转，生态系统多样性、稳定性、可持续性不断提升。

在坚持保护是第一责任、第一原则、第一要务的前提下，西安统筹秦岭生态环境保护与经济社会发展工作，践行“守护秦岭之安、永葆秦岭之美、善谋秦岭之用、筑牢秦岭之治、永续秦岭之魂”，聚焦“48 峪”优化治理等工作，坚守生态保护底线红线，探索“绿水青山”向“金山银山”的转化路径。同时营造浓厚氛围激发市民爱护秦岭、保护秦岭的情感共鸣，让秦岭及秦岭保护的成效与城共生、与时共进、与民共享，以高水平保护促进人与自然和谐共生。

第一节　内化秦岭违建之诫筑牢保护思想基础

2022 年，西安市不断提高政治站位，牢记“国之大者”，通过常态化、精细化监管，绷紧一根弦，守牢一条线，常规管理不放松，当好秦岭卫士，坚决守护好中华民族的生态脊梁和中华儿女的精神家园。

一、不断压实秦岭整治政治责任

西安建立常态化学习机制，同时开展作风建设专项行动。通过召开警示教育大会、参观违建警示教育基地、旁听职务犯罪案件审理等，为全体党员干部敲警钟、打预防针、上教育课，增强纪律规矩意识，学懂弄通、践之于行，坚定当好忠诚的“秦岭生态卫士”信念。

位于鄠邑区的秦岭违建警示教育中心设有“秦岭之诫”“秦岭之殇”“秦岭之治”“以案示警”“大美秦岭”五大主题专区。西安市通过警示教育中心时刻提醒人们珍惜秦岭之美，牢记秦岭之诫，教育各级领导干部心存敬畏。自 2021 年 7 月建成至 2023 年 2 月，秦岭违建警示教育中心已陆续接待 459 批次 9469 人次。

2022 年，西安市将秦岭违建别墅专项整治常态化监管和复绿管护工作两手抓，并通过纳入“数字秦岭”综合监管平台，持续巩固整治成效。

据统计，截至 2022 年底，西安市已累计拆除违建别墅 1185 栋 1528

套，拆除面积 56.39 万平方米，依法收回国有土地 4557 亩，退还集体土地 3257 亩，恢复生态 2968 亩；没收违建别墅 9 栋 16 套，改造后用于公益事业；对于建成已销售、可留的 3286 套别墅，建档立卡，实现长效监管。

同时，西安市举一反三开展全域“拉网式”排查，发现疑似违建点位 3035 个，研判保留 1760 个，拆除违建点位 1275 个，拆除违建面积 197.28 万平方米，恢复植绿 4820.46 亩，复耕 1655.58 亩。

图 4-1　大型机械在陕西省西安市长安区秦岭违建别墅群“群贤别业”内进行拆除工作（2018 年 9 月 6 日摄，无人机照片）。（新华社记者 邵瑞 摄）

截至 2022 年底，西安市已在卧福度假村项目、长安文化山庄项目、群贤别业项目违建整治基础上建成翠微宫园、长安文化生态公园、秦岭和谐森林公园，免费向市民开放。

图 4-2 陕西省西安市长安区秦岭违建别墅拆除后建设的秦岭和谐森林公园（2019 年 7 月 26 日摄，无人机照片）。（新华社记者 刘潇 摄）

专栏 **从别墅到公园 美好生态“还绿于民”**

占地 263 亩的违建别墅“群贤别业”，是秦岭北麓首个被拆除整治的违建别墅项目，经整治后已改造为秦岭和谐森林公园，面向社会开放。2022 年，这里乔木、竹子、滨水植物竞相生长，实现了还绿于民。据统计，长安区已累计拆除秦岭违建别墅 735 宗、81.9 万平方米，复绿土地 1877.2 亩，收回收储土地 4510.9 亩。

二、推动秦岭生态环境保护转化为人民自觉行动

在宣传教育方面，西安市注重创新形式，营造保护秦岭良好氛围，同时挖掘秦岭文化，推广运用秦岭元素，秦岭与群众的情感共鸣得以充

分激发，护山志愿服务活动参与人数逐年递增。

西安市生态环境局利用公众号、微博、网站等宣传秦岭生态环境保护知识，并组织系统内各单位开展秦岭生态环境保护现场宣传活动和媒体宣传活动。2022年3月，围绕“当好秦岭生态卫士，保护秦岭生态环境”主题，组织开展形式多样的第九个秦岭生态环境保护宣传周系列活动。5月，在秦岭四宝科学公园组织举办了西安市2022年国际生物多样性日主题宣传活动，向社会各界发出保护生物多样性的倡议。

为了确保秦岭环境保护意识能够落实到“最后一公里”，西安市各县市区也围绕所辖秦岭区域开展丰富多样的宣传教育活动。长安区强化核心保护区管控，通过抖音、快手等平台广泛宣传，在重点区域、重要路口设立围栏、警示界桩，累计劝返1600余人，教育训诫121人，由此形成的震慑作用有效减少了人为因素对核心保护区自然生态的影响。鄠邑区在秦岭保护区所有村庄安装了云喇叭，可以将宣传警示以及预警信息等通过实时语音传递到山区各村，起到了一定的宣传预警作用。

西安市农业农村局在高素质农民培育工作中，让农民学员学习秦岭生态环境保护有关知识，树立秦岭环境保护意识，参与保护秦岭志愿者服务，主动做秦岭生态环境保护的宣传员、保护员和监督员。6月7日，在长安区开展了“守护绿水青山 共建清洁田园”为主题的秦岭生态环境保护暨农业生态环境保护普法宣传主题活动，向农民群众宣讲了省、市《陕西省秦岭生态环境保护条例》及《环境保护法》《固体废物污染环境防治法》《土壤污染防治法》《农用薄膜管理办法》等法律法规及政策，并就土壤污染防治等农业环保技术进行了培训和答疑。

西安市近年来注重活化秦岭人文资源，做好非遗文化保护，讲好秦岭故事工作，通过加强秦岭范围内非物质文化遗产资源的普查整理，加大宣传，凝聚成秦岭保护合力。

由西安市文旅局牵头，以秦岭生态环境保护主题创作编排的文艺节目，通过到基层一线开展公益演出，将秦岭生态环境保护与文明旅游创建、旅游营销推介、重大文旅活动结合，营造保护秦岭的浓厚氛围，让广大群众和游客在“润物细无声”的氛围中加强秦岭生态环境保护意识。

第二节　齐抓共管协同发力 构筑闭环管护机制

在秦岭生态环保常态化管护方面，2022 年，西安市继续深化秦岭生态环境保护工作，通过筑牢制度之基、务实防护之举、尝试技术之新，多部门齐抓共管、协同发力，让秦岭生态环境保护工作掷地有声。

以秦岭北麓主体山水林田湖草沙一体化保护与修复工程项目、48 条峪道峪口整治、“数字秦岭”建设为代表的西安市秦岭生态环境保护措施，让西安天蓝水净更美丽。与此同时，部门协作、多维发力、齐抓共管的保护网将秦岭保护迭代进入更加“精细化”的阶段。

一、完善秦保机制　扎牢制度约束

2022 年，西安市在《西安市秦岭生态环境保护约谈制度》《西安市秦岭生态环境保护综合执法工作制度》等制度文件的基础上，印发了《秦岭生态环境保护专项整治行动方案》《秦岭区域水环境质量巩固提升工作方案》等文件，加大“五乱”打击力度。

为了进一步形成秦岭生态环境保护工作的闭环管理，西安市涉及秦岭保护工作的多部门持续形成合力，对预防、监管和打击破坏秦岭生态环境的行为起到震慑作用。

西安市秦岭生态环境保护管理局会同陕西省检察院西安铁路运输分院、西安市公安局共同出台《打击破坏秦岭生态环境违法犯罪行刑衔接工作办法》，形成快速响应、联合调查、联席会议等机制，促成信息共享，形成了打击犯罪、保护秦岭生态环境的工作合力。此外，还建立了提醒党政主要负责同志、行业监管部门和所属地区县双核查、行业监管部门和所属地区县双处置的“122问题处置机制”。

西安市人民检察院联合西安市生态环境局印发《关于建立生态环境损害赔偿与检察公益诉讼衔接机制的实施意见（试行）》，为持续优化西安市秦岭生态环境保护工作，促进生态环境损害赔偿制度和检察公益诉讼制度全面、深入、协调发展，实现两制度有机衔接和无缝对接提供了政策遵循。

同时，西安市秦岭生态环境保护制度建设工作进一步延伸至区县。鄠邑区在秦岭保护上明确责任抓实施，先后制定印发《西安市鄠邑区秦岭生态环境保护长效机制工作实施方案》等47项办法制度，确保基层秦岭生态环境保护工作有规可依、有法可循，基本形成了长效工作机制和工作闭环机制。

有了良好的法规与机制保障，西安市秦岭生态环境保护工作稳步推进。以问题整改为例，《陕西省秦岭生态环境保护突出问题2022年动态台账》涉及西安的问题有32个，其中中央环保督察反馈的4个问题均在按计划推进中，陕西省秦岭保护突出问题台账反馈的28个问题，当年已备案销号25个，剩余3个正在推进。

从财政保障方面看，2022年西安市投入秦岭生态环境保护资金6.94亿元，主要用于秦岭生态环境保护条例和各项规划修订编制、秦岭保护区内建筑物（构筑物）清查、峪口峪道综合治理奖补、网格化管理奖补和复绿管护奖补、秦岭生态治理修复、生态补偿转移支付、执法监督、矿业权退出补偿、小水电站清理整治、农村污水治理等支出，为秦岭生态环境保护提供了坚实的财力保障。

二、部门协作齐抓共管　履行"秦岭卫士"职责

2022年，西安市组织8个部门联合对秦保区域违规建设宅基地、违规开办农家乐（等级民宿）、垃圾收集利用等问题进行集中专项排查整治，发现问题329个，当年度整改完成317个。以整治违规开办农家乐（等级民宿）、打击野生动植物非法贸易联合行动为代表的专项联合检查实现了良好的效果。

在整治秦保区域违规开办农家乐（等级民宿）领域，2022年，由西安市文化旅游局牵头，通过部门协同、市区（县）联动，聚焦秦岭生态保护区农家乐乱排乱放、乱搭乱建、无照经营等突出问题，组织市级部门开展联合督导检查5次，达到了及时反馈问题，限时整改到位的良好效果。截至2022年底，西安市对秦岭地区3080户农家乐进行了专项整治，其中对经营不规范的1625户农家乐进行了取缔，保留1455户，实现了农家乐总量控制。同时，通过垃圾污水油烟规范处置措施，进一步降低农家乐经营对秦岭生态的影响。

2022年，西安在跨区域生态保护补偿机制方面迈出了探索性的一步。西安市财政局出台了《西安市秦岭生态环境保护区综合性补偿暂行办法》《西安市森林生态效益补偿标准动态调整方案》《西安市湿地生态

补偿暂行办法》《西安市饮用水水源地生态补偿暂行办法》，并以此为基础，制定了《西安市生态转移支付办法》，形成了生态保护补偿机制"1+4"政策体系，初步形成秦岭生态补偿机制的"西安探索"，为全国生态保护补偿工作贡献了可行性方案。

图 4-3　雨后初霁，位于陕西西安长安区境内的秦岭终南山南五台景区云雾环绕，宛若仙境。终南山南五台景区古称太乙山，海拔 1688 米，有"终南神秀"美誉。（2023 年 5 月 30 日摄，无人机照片）。（新华社记者 刘潇 摄）

据西安市财政局统计，西安市 2022 年归集的上一年度生态保护转移支付资金约 11420 万元，其中秦岭生态保护补偿 5000 万元、饮用水水源地补偿 4846 万元、湿地生态保护补偿 536 万元、综合性生态保护转移支付 1038 万元。

三、人防技防齐上阵　织密秦岭防护网

2022 年，西安市充分发挥 1240 名专兼职网格员作用，开展日常巡

查 33 万余次，发现上报“五乱”等问题 1166 个，当年全部整改完成。

图 4-4　西安市长安区沣峪国有生态林场的工作人员通过智慧管理平台查看同一地块不同时期的画面，防治“乱搭乱建”等现象。（2023 年 8 月 29 日，新华社记者 邵瑞 摄）

秦岭北麓的长安区常态管控不断强化，2022 年一体推进“林长制”“峪长制”，全面建立三级峪长制管理体系，316 名林长、31 名峪长认真履职，2022 年累计巡查 8498 次。长安区加强网格员管理、培训和考核，严格兑现奖惩，不合格的就清退，目前已实现了巡山护绿常态化。

高新区大力推进秦岭生态环境网格化管理和网格化建设，完善秦岭网格化监管体系，创新机制体制，建立了“日监管、周通报、月考核、季讲评”网格化运行机制，强化常态化网格化管理机制，加大网格化考核力度，切实发挥网格化巡查监管作用，2022 年累计出动巡查网格员 18185 人次，巡查里程达 44.3 万公里。

蓝田县结合网格化管理，按照三级保护分级管理体制，建设了1个蓝田秦岭保护总站、6个区域站、17个镇街秦保站和N个流动站，通过智慧管控平台对沿山峪口、峪道实行监控，可以实时监控峪道内水域及沿岸道路情况。

同时，随着“秦岭生态环境保护”工作意识的不断提升，秦岭生态环境保护正在转化为人民的自觉行动，更多的社会角色参与到秦岭保护中来，将过去秦岭保护管理与被管理的关系转化为共同参与模式，开启群防群治的全民护山新模式。

2022年，西安市农业农村局开展了形式多样、内容丰富的宣传活动，让农民学员现场学习秦岭生态环境保护有关知识，树立秦岭环境保护意识，参与保护秦岭志愿者服务，主动做秦岭生态环境保护的宣传员、保护员和监督员。

鄠邑区在秦岭保护公益志愿联盟、峪口峪道包抓认领工作基础上，为提升“林（山）长制”落实成效，鄠邑区于2022年4月将保护区内311户农家乐或民宿经营者聘任为秦岭保护公益性“民间林长·民间网格”，赋予其示范员、宣传员、监督员、巡护员、信息员的责任，共同参与秦岭生态环境保护工作，公益性“民间林长·民间网格”模式得到国家林草局推广。

西安市持续完善智慧秦岭监管平台功能，实现卫星遥感、视频监控全覆盖。西安市秦岭生态环境保护管理局与省林业局、省气象局、市资源规划局、市应急管理局、市大数据局、市气象局、中电科西北等20所单位开展对接座谈和实地考察，多次进行现地勘察、走访沿山区县、高新区，整理形成专项方案和综合性方案，为优化平台功能打下坚实基础。各区县也因势利导，推动秦岭管护能力进入智慧化时代。

高新区2022年建设“智慧秦保”全域监测系统，覆盖东大、草堂、庞光三个街道秦岭保护区，具备实时采集、快速传输、海量存储、AI 分析、自动识别、执法协同、OA 办公、大数据统计等八大功能，有效衔接网格化监管和网络化监管，形成闭环管理体系，实现对破坏秦岭生态环境的“5+N”行为及实施主体的可视、可查、可控。2022 年，该系统共发现疑似“五乱”问题 9839 起，属实 684 起，全部办结，系统问题发现率 96.3%，问题分析准确率 99.7%。

蓝田县“数字秦岭”智慧化管控中心利用高清摄像头，结合热成像技术、大数据智能分析等，实时监管秦保区内“五乱”问题、森林防火、有害生物病虫害等情况。先进的鹰眼设置于关键点位，单个可覆盖 5 平方公里区域。

鄠邑区打造的综合管理应用平台，已逐步实现秦岭保护区自动化、智能化的动态监管。无人机小组按照网格化划分的责任区域，进行动态巡航，对重点点位实行每月两期影像固化比对，监测变化情况，无人机年巡航里程达到 3700 余公里。

长安区“智慧秦岭”建设不断深化，目前在重点保护区域架设高清及全景摄像头 223 个，覆盖秦岭区域 318.5 平方公里，监管模式从“可视化、静态化”向“自动化、智能化”升级，初步构建起“空天地人”相结合的全方位保护体系。

专栏　大数据赋能秦岭“天空地一体化”监测全覆盖

通过卫星遥感影像、无人机巡山、实时摄像监控等技术设备的应用，西安市搭建起数字秦岭综合监管平台，将秦岭西安段以及建设控制地带基于地理时空平台综合呈现于“数字秦岭”一张图。

西安市数字秦岭综合监管平台以1个市级应用平台，统领7个区县级、开发区级子平台，联动N个行业单位的管理运行模式构建，采取统一身份服务、统一工作流引擎、统一应用服务、统一数据支撑，形成了纵向业务贯穿、横向联动行业单位的管理格局，构建起“天空地一体化”监测网。通过“技防+人防”等手段应用，西安市涉秦岭区域相关峪口峪道管控做到了“人过留图、车过留影”，实现了“由看到管”的转变。同时，以物联网监测、热成像识别、污水排放监测等智能化监控终端进行动态监测，实现秦岭区域生态环境多元化治理。

四、重大工程引领 厚植秦岭生态基底

推进生态环境保护和修复必须遵循自然规律。2022年，西安市践行“两山”理念的重要工程——陕西秦岭北麓主体山水林田湖草沙一体化保护与修复工程项目顺利启动实施，该项目是“十四五”期间全国第二批山水林田湖草沙一体化保护和修复工程项目。西安市坚持“目标导向”，以实施这一示范项目为抓手，强化源头治理和污染防治，显著增强秦岭生态系统质量。

陕西秦岭北麓主体山水林田湖草沙一体化保护与修复工程项目涉及西安市4区2县1个开发区，总面积6466.93平方公里，总投资50.24亿元，其中2022—2024年将累计争取资金26亿元（中央20亿元，省级6亿元）。按照计划，项目将实施7大类35个工程项目，是西安市首个一次性争取中央资金最大、涉及领域最广、涵盖内容最多的生态文明建设

工程，对于有效提升秦岭北麓水源涵养、水土保持和生物多样性维护功能，显著提升秦岭生态系统质量，对筑牢国家生态安全屏障具有十分重要的意义。

2022 年，西安市围绕“生态修复和智慧管控”创新性开展峪口峪道治理三年专项行动，截至 2022 年底“48 峪”已全面完成治理，成为秦岭生态保护的前哨所、山区抢险救灾的生命线、当地群众展销生态产品的致富道和市民游客休闲的好去处。同步建成的 12 座峪口保护站，通过人工智能、人行车道闸、热成像识别等技术，实现“人过留图、车过留影”。

位于鄠邑区石井街道栗园坡村的潭峪峪口，经过整治成为一条生态廊道，如今已成为游客打卡的新地标。截至 2022 年底，鄠邑区累计投入峪口峪道治理资金约 7.8 亿元，已完成了全部 15 条峪口峪道治理任务，并在沿山各峪口设立 21 座智慧化管理站，负责秦岭保护、森林防火、防汛、车辆人员管控等工作。

2022 年，长安区实施了祥峪、蛟峪、抱龙峪、扯袍峪 4 条峪口峪道综合治理工作，共计 18.2 公里，通过同步开展环境卫生提升，对峪口峪道环境进行“三维立体式”提升。

蓝田县普化镇赛峪峪长 9.91 公里，流域面积 24.58 平方公里，内有赛峪水库。蓝田县通过清运道路两侧垃圾杂物、实施道路硬化等整治措施，实现了“五乱”问题基本清零，便民服务基础设施进一步完善，并因地制宜建成了供周边群众休闲的广场。

五、坚持多措并举　促进区域环境质量稳步提升

2022 年，西安市加快关闭矿山并进行生态修复，原厂区及周边生态得到明显优化，截至当年年底，已治理矿山数量达 69 座，占需要治理修

复总矿山数量的八成以上。

以位于蓝田县九间房镇黄沙岭村的鑫陨石英矿厂生态环境修复项目为例，2014 年关闭生产基地后，蓝田县对该矿厂原址进行生态环境修复治理，总修复面积 241.05 亩，鱼鳞坑已种植了白皮松、红叶李、刺槐、爬山虎等，撒播草籽 200 多亩，原厂区及周边生态得到明显优化，项目已于 2022 年 9 月通过竣工验收。

同时，持续实施工程造林，统计显示，2020—2022 年三年间西安市已累计实施植树造林 28326 亩，小流域治理达 3 万亩。

长安区通过实体植树、线上捐款植树的方式，累计完成义务植树 112 万株，占计划任务的 102%，已对全区 270 株古树进行验收，完成了各类古树抢护，对移栽的古树实行就地保护。同时还加强林业重大有害生物防治，筑牢筑实森林火灾安全防线。

野生动植物生存环境不断改善，种群数量持续增加。鄠邑区针对涝河流域等生态脆弱区开展环境综合治理，持续加强生物多样性保护。据介绍，秦岭野外架设的实时红外相机先后监测到国家二级以上保护野生动物 18 种，秦岭羚牛群、川金丝猴种群、亚洲黑熊先后出镜。

西安市高度重视饮用水水源地保护工作，将水源地保护作为重要民生工作来推进，坚持制度先行，依法监管，强化污染防治和环境整治，确保秦岭范围内水生态环境持续改善。

2022 年 4 月 24 日，西安市生态环境局联合西安市财政局、西安市水务局印发了《西安市饮用水水源地生态补偿暂行办法》（市环发〔2022〕7 号），明确现阶段以秦岭保护区范围内的黑河金盆水库、李家河水库、岱峪水库和石砭峪水库所在的周至县、蓝田县、长安区为补偿对象，逐步再向其他饮用水水源保护区的区县（开发区）推广。资金分配按照 4 个水源地年度原水供水量比例分配补偿资金；要求补偿资金用于水源地水质保护、污染治理、污水收集和处理设施建设运营、新增造林和森林抚育、改造、水域保洁及其他水源保护方面的支出不少于 50%。

图 4-5　位于西安周至县境内的秦岭景色（2022 年 10 月 18 日摄，无人机照片）。近年来，陕西持续推进秦岭生态修复和保护，自然环境得到持续改善，朱鹮等珍稀保护动物数量攀升，生态休闲游等绿色产业不断发展，使秦岭形成一幅人与自然和谐共生的美丽画卷。（新华社记者 邵瑞 摄）

此外，西安市还推动秦岭区域农村生活污水治理。西安市生态环境局指导各区、县因地制宜推进秦岭地区农村生活污水治理，申报储备项目，西安市级专项资金支持的周至县、蓝田县涉秦岭区域生活污水治理项目正有序推进。

以西安市灞桥区洪庆街道水泉子村为例，该村污水处理站建于 2017 年，设计污水处理量为每天 80 立方米，实际工作量冬季在 20 立方米左右，夏季能达到 40 ~ 50 立方米。村里生活污水经处理后可以直接排放用于灌溉，设施内的沉淀物污泥装进浓缩罐定期运走处理，公司每月安排 4 次水质排放自检，同时第三方公司及秦岭环保局也会安排例行检测，确保出水达标。

2022 年西安市 6 个国考断面水质全部达到或优于考核目标，水质全部优良，纳入国家考核的 4 个水源地水质全部达到考核要求。

第三节　挖掘秦岭绿色“红利”多维蓄力促进发展

2022 年，西安市坚持生态优先，实施绿色循环发展战略，努力构建秦岭区域绿色发展新格局。致力实现在保护中发展，在发展中保护，切实做到生态效益、经济效益、社会效益同步提升，推动秦岭生态高水平保护和区域经济社会高质量发展共赢。

一、秦岭绿色“红利”提供源源不断的民生福祉

良好生态环境是最公平的公共产品，是最普惠的民生福祉。2022 年，西安市以秦岭生态环境保护为着力点，厚植绿色发展优势，通过复绿管护、步道建设等举措大力推进生态文明建设，秦岭的青山绿水为西安市民提供了优良的民生福祉。

在推动秦岭生态资源与秦岭治理成效全民共享方面，西安市除了在违建整治基础上建成了多个公园外，还通过推进环村林带建设，配套慢行步道、自行车赛道，打造绿树掩映的花园乡村等举措让居民共享秦岭的绿色“红利”。

以长安区为例，截至 2022 年底，全区 201 个示范村林木覆盖率达到 30% 以上，广大群众在保护秦岭生态环境、推动生态文明建设中有更多获得感、幸福感。同时，围绕林业工程带贫增收，长安区已累计聘用脱贫户护林员 47 名，人均年收入达 6703.67 元。

2022 年，西安市启动了森林、草原、湿地等环保监测工作，科学评价生态状况。为了更好地监测秦岭生态环境，西安市生态环境局在秦岭范围内布设了 3 个水质自动监测站和 16 个环境空气自动监测站，实时监测水环境质量变化及环境空气质量变化情况，并对秦岭范围内部分饮用水水源地、峪口河流地表水等开展例行监测。结果显示：在水环境质量方面，西安市（涉及秦岭的）6 个国考断面水质全部达到或优于考核目标，水质全部优良，纳入国家考核的 4 个水源地水质全部达到考核要求。

西安市生态环境局还加强项目的审批管理，在《环境评价工作方案》中明确涉及秦岭的开发建设活动均执行最严格的环评标准和流程。2022 年，仅 5 个涉秦岭项目环评获批，获批项目以秦岭生态环境保护为导向，为提升环境质量、改善民生产生了积极作用。

二、深耕农文旅融合探索生态价值的兑现路径

“绿水青山就是金山银山”的理念既是生态文明建设的核心，也是推进现代化建设的重大原则。2022 年，西安市统筹秦岭生态环境保护和绿色经济发展，牢牢守住秦岭绿水青山带来的自然财富、生态财富的同时，挖掘秦岭绿水青山从生态系统生产总值（GEP）到国内生产总值（GDP）转化的先进经验，让践行“草木植成，国之富也”成为风尚。

图 4-6　位于西安市鄠邑区蔡家坡村的大地之子雕塑和麦客主题画作展现了博大的秦岭文化。（新华社记者 李一博 摄）

通过开发提升农耕体验、农业观光、农家乐民宿等连锁产业，西安市多个区县实现了农文旅融合发展。“灞桥樱桃”“临潼石榴”“长安花卉”“鄠邑葡萄”“周至猕猴桃”……西安市农文旅融合发展区在为城市居民提供良好生态产品的同时，也为秦岭生态涵养区带去了稳定可观的经济收益。

以长安区为例，在“两山”理念的牵引指导下，当地已发展特色民宿100家，建成开业61家，2022年接待游客3.8万人次，收入1140万元，直接带动乡村旅游消费2亿元；同时，领养农业、乡村康养、文艺沙龙等农文旅融合新业态也得到了长足的发展，成为丰富当地群众经营经济的重要来源。

图 4-7　游客在西安市鄠邑区蔡家坡村终南艺术剧场观看关中忙罢艺术节“集在麦田”音乐演出（2022 年 6 月 12 日摄，新华社发 李一博 摄）

专栏

文化助力秦岭保护、赋能乡村振兴的蔡家坡村样板

西安市鄠邑区石井街道蔡家坡村，地处秦岭北麓鄠邑段中部，山川秀美、人杰地灵、交通便利，地理条件优越，是鄠邑区“艺术石井、八号公路”的重要节点。全村现有人口 1056 户 3910 人，主要种植葡萄、猕猴桃等经济作物。

为更好地践行“绿水青山就是金山银山”理念，从 2018 年起，蔡家坡村立足自身生态资源优势，在保护好秦岭生态环境的基础上，充分发挥秦岭的生态之美，联合西安美术学院举办的“关中忙罢艺术节”形成了践行“两山”理念的秦岭探索。

2022 年第四届关中忙罢艺术节上，策划举办三大板块九大主题的活动，涵盖现代音乐、诗词朗诵、秦人秦腔、大地艺术等多个方面，第四届关中忙罢艺术节开幕暨延安文艺座谈会 80 周年纪念晚会、麦浪音乐节、“秦岭、秦人、秦声”戏曲专场演出、“麦田晚宴”、终南诗赋名家朗诵晚会等活动，真正让艺术融入田间、服务群众。

高新区在对峪口峪道实施综合治理的基础上，按照“全域推进、重点示范、全面提升”的思路，通过产业发展策划，村庄风貌定位，基础设施完善等，将秦岭北麓高新片区环山公路以南 8 个村及周边区域建设为城乡融合发展示范、秦岭一般保护区乡村振兴示范，以绿色发展带动乡村振兴、促进富民增收。秦岭生态环保的效果让老百姓看到了变化、得到了实惠、感到了幸福。

第五章
宝鸡市：因地制宜系统治理持续塑造美丽生态新底色

2022 年，宝鸡市坚持保护优先、系统治理，扛起秦岭生态环境保护的政治责任和历史责任，践行“绿水青山就是金山银山”理念，通过完善相关法规制度体系等举措持续加强秦岭生态保护，增强工作主动性和预见性，让秦岭的生态底色成为宝鸡市靓丽景色。

宝鸡市牢记“国之大者”，扭住整治“五乱”问题的牛鼻子，系统发力、标本兼治，2022 年整改“五乱”问题 34 个，治理恢复矿山生态 170.3 公顷，建成国家级绿色矿山 5 个，获得国家水土保持示范县荣誉 1 个，完成营造林 63.63 万亩，4 个县区“天地一体化”视频综合监管系统建成投用，让全市秦岭区域生态环境在最严格的的监管下持续向好。

2022 年，宝鸡市在深耕秦岭生态环境保护的同时，注重围绕生态资源，探索经济社会绿色发展路径，通过因地制宜搞发展，贡献了秦岭生态保护的宝鸡范例。

第一节　筑牢规章“四梁八柱”
压紧责任严抓落实

2022年，宝鸡市把秦岭生态环境保护作为一项重大政治任务，完善顶层制度的同时抓好落实，通过建立工作要点、责任清单，明确任务细化措施，层层压实责任。

一、完善法规制度体系 推进依法长效治理

近年来，宝鸡市不断完善秦岭生态环境保护法规体系，仅在2022年，相继出台了《宝鸡市水资源管理办法》《宝鸡市城市生活垃圾分类管理办法》《宝鸡市关于加强野生动植物保护工作的实施意见》等，制定全市《矿山地质环境保护与治理规划》，印发《秦岭区域退出矿业权矿山地质环境治理恢复与土地复垦实施方案》，起草了宝鸡市《节约用水办法》等法规制度文件，推进秦岭生态环境保护的依法长效治理。

地处秦岭腹地的凤县将秦岭生态环境保护工作列入当地“十四五”国民经济发展规划，先后制定印发秦岭生态环境保护《实施方案》《工作规则》《联合执法办法》《督查制度》等一系列制度性文件，逐级夯实工作职责，明确工作任务，同时，按年度制定秦岭生态环境保护工作考核办法，严督实考，力促全县形成上下齐抓共管的工作格局。

二、各级林长巡林督导 常态化推动任务落实

在工作机制创新方面，宝鸡市调整充实市秦岭生态环境保护委员会和专项工作组组成人员，由宝鸡市政府主要领导任委员会主任，五名市级领导任五个突出问题整治专项工作组组长，形成“一办五组”的秦岭保护工作机构。建立全市秦岭生态环境保护重点工作“周统计、月通报”制度，及时传导压力，推动任务落实。

以四级林长制责任体系为例，宝鸡在秦岭责任区内共设市级林长3名、县级林长43名、镇级林长209名、村级林长658名。宝鸡市委书记、市长带头巡山巡林，全面推动“林长制”有名有实有责有效。2022年宝鸡还开展了“基层林长责任年”活动，全市各级林长巡林督导达6.6万次。

各监督力量每月发现的问题都会形成台账，明确整改责任人，以问题为导向给予整改时限，问题从发现到解决要形成闭环，这也成为宝鸡市秦岭生态环保工作的有力抓手。

在秦岭主峰太白山南麓脚下的太白县，制定了秦岭生态环境保护工作村级责任制考核、网格化管理等系列考核办法，不断完善考核机制，做到层层有人抓、事事有人管。太白县倒逼全县各级部门扛牢保护责任，对全县企事业单位进行单项考核，根据考核情况给予加减分，计入年度考核总分，太白县用机制守护秦岭绿水青山的有关做法成为宝鸡市秦岭生态环境保护工作的典范。

三、不断加强联合执法 提升综合监管效能

在日常监管方面，宝鸡市推行“秦岭办统筹协调、专项工作组牵头负责、责任县区排查整治”工作机制，组织开展暗访检查、专项督查、联合执法检查，持续提升监管效能。

2022 年，宝鸡市秦岭办和市生态环境局分别牵头，联合市级 6 个部门，组成 2 个联合执法检查工作组，采取查阅资料、实地检查、暗查暗访等方式，对涉秦岭 7 个县区进行了联合执法检查，有力促进秦岭生态环境保护工作落实。

图 5-1　陕西宝鸡渭河滩景观。（新华社记者 陶明 摄）

各区县也加强力量，推进实施联合执法检查。太白县制定联合执法工作实施方案，2022 年围绕“五乱”问题整治、野生动植物保护、秦岭生态环境保护条例贯彻执行开展联合监督检查 13 次，致力实现秦岭保护

全覆盖、无禁区、零容忍。

凤县将秦岭生态环境保护网格化管理制度与“河长制”“林长制”充分融合，整合城乡环境整治、环境监管网格力量，形成“三网合一”的管理体系和横向到边、纵向到底的工作模式。网格员坚持每日巡查、及时处置、动态监管，以消除监管“盲区”和“真空”。

第二节　源头预警全程管控　加强教育形成自觉

为增强秦岭生态环保工作的主动性，宝鸡市坚持预防为主，全流程预警及管控，对各类苗头性问题力争做到“早预防、早发现、早处置”。

一、科学规划 夯实空间监测预警基础

宝鸡市秦岭保护约束体系已初步形成，管控边界清晰可循，2022 年完成全市“三区三线”划定，注重做好“三区三线”和秦岭保护范围的有机衔接，合理确定秦岭一般保护区的城镇开发边界，构建起与秦岭生态保护要求相适应的城镇化格局、农业格局和生态格局。全市国土空间规划体系与国土空间基础信息平台已初步建立，夯实了国土空间动态监测评估预警的基础。

二、坚持源头管控 在“防”上出实招

坚持从源头上防范化解生态环保重大安全风险，增强预防的纵深性和有效性，进一步筑牢秦岭生态保护屏障。

316 国道和 219 省道凤县段是陕西省内唯一的西北地区通往西南地区的危化品运输通道，安全隐患极大。近年来，宝鸡市通过采取危化品车辆分流、全程测速、增设安全防护设施等措施，该运输通道生态安全风险大幅降低，近两年未发生危化品运输事故。

同时，宝鸡市积极探索跨区域合作模式来保护秦岭的绿水青山。凤县在 2020 年就前瞻性地开展相应流域禁渔工作，创新跨域合作模式，与甘肃两当县就流域禁渔开展协作，确保交界流域不留空白、不留死角，长江流域禁捕退捕工作获农业农村部表彰。

为了进一步严格秦岭生态环境保护约束，宝鸡市要求相关矿厂落实秦岭生态环境保护条例，做到“边开采、边治理、边恢复”。陕西西北有色铅锌集团有限公司凤县分公司选矿厂按照条例要求，近几年通过高标准矿山修复工作，厂区内植被覆盖率明显提高，防风固沙和减轻水土流失成效明显。

矿厂推行的两项绿色矿山建设做法得到了业界肯定：一是加强矿山地质灾害及环境监测，建立一整套监测体系，有效监测了地质灾害、地形地貌景观、空气质量、地下水等情况；二是定期委托监理单位监督检查，对已治理完成的项目，开展日常监测以排除致灾隐患。

如今，矿厂坚持预防为主、避让与治理相结合的做法已经成为宝鸡市秦岭生态环境保护的标杆。

凤县还实施秦岭生态避险搬迁工程，将地质灾害点群众搬迁到公共

服务和基础设施配套相对健全的城镇和中心村，对减轻秦岭保护区内人畜生产生活对生态环境的破坏，守好生态保护红线意义重大。

专栏

生态搬迁的样本："搬得出、稳得住、逐步能致富"

地处秦岭深处的陕西凤县，境内地质灾害隐患点198处，自然灾害高发易发。自2021年底以来，凤县启动生态避险搬迁工程，通过组织实施易地搬迁、集中点安置等工作，让3400多名搬迁群众迎来了新生活。

平木镇位于凤县东部，全镇地处秦岭腹地，境内有37处地质灾害点，隐患点居民长期"逢雨必撤"。为保障人民群众生命财产安全，守好生态红线，该镇结合实际实施了生态避灾搬迁项目，共搬迁群众148户536人。白蟒寺避灾搬迁安置新型社区为平木镇两个安置点之一，项目于2021年9月开工建设，共有搬迁群众42户179人，分别来自东庄村、白蟒寺村等5个村11个地质灾害隐患点。

凤县生态搬迁聚焦"搬得出、稳得住、逐步能致富"目标，将秦岭生态环境保护与乡村振兴、农村人居环境整治有机结合。这不仅从根本上解决了灾害点群众的居住安全问题，极大地改善了群众的生活环境，还解决了群众就近就业问题，更便于优化基层治理，治理效能显著提升。

三、人防物防技防结合　接入视频监管系统

2022年，宝鸡市持续推进智慧化监测监管，将县区视频数据汇总展示、网格化信息化监管、峪口峪道监控等功能汇集一体，20座在产矿山已接入秦岭视频综合监管系统。

同时，宝鸡市同步加快县区平台建设，涉秦岭7个县区中4个已建成秦岭综合视频管理系统，其余3个将于2023年建成投用。

以凤县为例，凤县以县智慧城市指挥中心为依托，设立县秦岭生态环境保护监管平台指挥中心，在5个重点镇布设高清监控的基础上，整合接入县水利、自然资源、应急管理等多部门监控摄像头200余个，推动秦岭生态环境监测和保护实现网络化、智能化、信息化。

得益于信息化智能化手段，宝鸡聚焦秦岭“五乱”问题整治、尾矿库、矿山等重点领域，实现“线索发现、问题交办、现场核查、结果反馈”的闭环流程。

此外，由于人防、物防和技防深入结合，宝鸡构建以视频监测、人工监测，网络化与网格化相结合，线上线下联动的秦岭生态环境保护“天地一体化”综合监管体系，对及时发现的问题，可查找疑似线索并有效控制风险。

在灾害排查预警方面，黑科技正大显身手。选矿厂利用无人机定期进行地质灾害排查，对尾矿库主坝、子坝和生产、生活区边坡等建立北斗定位变形监测，对地下采空区建构了地声定位成像及灾害预警监测网络系统，高科技手段显著增强了预警能力。

四、多渠道加强教育示范　力促生态环保成为全民自觉

宝鸡市注重加强秦岭生态环境保护教育，多措并举让群众了解秦岭生态保护成效，致力让生态环保成为全民自觉。

一方面，通过制定秦岭生态环境保护破坏行为举报奖励办法，举办“保护秦岭生态环境，推动绿色转型发展”专题培训班，通过专题研讨、集中观影等形式对有关业务人员进行专题培训，全面提升依法保护秦岭生态环境的政策理论水平和业务工作能力。

另一方面，2022 年举办“绿色秦岭，美丽宝鸡”主题摄影巡展，展示宝鸡秦岭区域自然风貌、历史文化、风土人情和全市秦岭生态环境保护工作成效，收集社会作品 1560 余幅（组），全市观展群众达 3 万余人次。各部门利用植树节、六五环境日、地球日、生物多样性日等重要节点开展秦岭保护宣传，营造了全民关心、支持、参与秦岭生态环境保护的氛围。

此外，宝鸡市以电视台、广播电台等为宣传平台，紧扣秦岭生态环保主题，强化宣传引导。市电视台先后拍摄了《保护秦岭 守护美丽家园生态》专题片等，宝鸡手机台设置了《秦岭生态环境专项整治》专栏。仅 2022 年市电视台累计播放 10 条宣传片 700 余次。市文旅局官方网站、宝鸡旅游微信、微博平台也随时发布有关秦岭生态环境保护的工作动态和时效新闻。

在宝鸡市的统一布局下，以秦岭保护为主题的培训课堂在各区县落地，成为宝鸡市构建秦岭生态环境保护大格局的动力。

凤县多次邀请专家来凤开办秦岭保护“凤县大讲坛”，开展《陕西省

秦岭生态环境保护条例》宣传教育系列活动，筑牢全社会参与秦岭生态保护工作的思想根基。

太白县以“水土保持大课堂”形式普及生态环保知识。位于太白县城西北的翠矶山水土保持示范园，总体规划面积16.25平方公里，并于2021年获评国家水土保持科技示范园。园区分为秦岭山地自然生态景观区、水土保持坡面防治体系综合区、水土保持科普宣传区、莓类产业与节水灌溉技术推广区四个功能区块，是一处高标准综合性公益科普场所，在改善当地生态环境、研究水土保持课题、开展中小学生科普宣传教育等方面发挥了重要作用。

2022年，太白县进一步结合国家公园的科普教育功能和县域经济发展，将翠矶山水土保持示范园打造成以秦岭珍稀植物培育、展示、科研、科普为主的综合性植物园，规划建设有游客中心和教育研学中心、高山植物博物馆和根据珍稀植物种类划分的8个区域以及主题步道。

第三节　一体统筹保护发展
“含绿量”助力“高质量”

宝鸡市坚持生态优先战略，把生态建设和环境保护放在工作首位，同时统筹经济社会发展，围绕秦岭生态资源变现，开拓乡村振兴路径。

一、围绕秦岭生态资源开展乡村振兴

宝鸡市致力开拓秦岭生态友好型经济社会发展新局面，使绿水青山

持续发挥生态效益、社会效益、经济效益。涉秦岭各县区改造提升核桃、花椒、甜柿子等经济林 2.3 万亩，2022 年新建园 0.6 万亩，有效拓宽秦岭生态友好型经济发展新渠道、新路径。各区县“中国花椒之乡”“中国林麝之乡”“中华蜜蜂示范县”等品牌效应显现，持续带动村集体经济壮大和农民增收。

图 5-2　陕西太白县咀头镇塘口村的高山蔬菜大田。（新华社记者 刘潇 摄）

近年来，太白县立足资源优势，秉持“错位发展、绿色发展”理念，实施“生态立县、特色富民”战略，2022 年全县完成地区生产总值 50.7 亿元，同比增长 4.3%，城乡居民人均可支配收入 35443 元、14860 元，同比分别增长 5%、7.2%。

在凤县，当地围绕生态资源抓变现。一是变绿为景。以山水资源为依托，建成国家 4A 级旅游景区 3 处、3A 级景区 4 处，打造出“云上悦 999.9”、岭南雪乡等知名网红打卡地，形成了生态游、康养游、乡村游、红色游、民俗游等特色旅游板块，2022 年全县实现旅游综合收入 41 亿元。二是变废为宝。凤县围绕工业废弃物循环利用，建成投产了 20 万立方米加气混凝土砌块项目、腻子粉生产、干粉脱硫剂等产业化项目。三是变现增值。积极探索建设“两山银行”，与陕西省林业集团合作实施了投资 8.3 亿元、面积 8.5 万亩的国家“双储林”项目，2022 年与北京一家公司签订了林业碳汇资源开发协议。

图 5-3　陕西太白鳌山滑雪度假区，小朋友在雪场教练的指导下练习滑雪。（2023 年 1 月 11 日，新华社发 邹竞一 摄）

专栏　冷资源带动热经济

在太白县鳌山滑雪场附近的咀头镇塘口村，很多村民如今利用冬天农闲在雪场找到了工作，还有不少人考取了专业的上岗资格证。有在雪场工作的村民表示：“以前冬天基本就是凑在一起喝酒、打麻将，现在滑雪季兼职既提高了收入，也在一定程度改变了当地村民的精神面貌。”

雪场为太白县经济发展带来了新机遇，注入了新动能。鳌山滑雪场作为西北地区规模最大的专业滑雪场，为太白县经济发展带来了新机遇，注入了新动能。2021—2022雪季接待游客28万人次，“富民”效益不断释放，让当地居民在家门口实现了就业增收。

宝鸡各区县还充分利用秦岭优势，积极探索乡村振兴路径。以凤县为例，2022年该县针对乡村发展投入少、动能弱这个突出问题，围绕“谁来联、和谁联、怎么联”这个关键环节，构建“党委领导、统战牵头、镇级统筹、部门协同、村企联动”工作格局，搭建村企联姻桥，探索建立村企联建工作新机制，筛选了与村级主导产业契合度高、共建意愿强、企业生产经营状况良好的66家企业与66个村结对“联姻”，帮助联建村理思路、优产业、扩就业、促增收，形成发展特色，实现了双向补短板、共赢促发展，为乡村发展注入新动力。

凤县坚持把选准、培强、壮大主导产业作为村企联建主抓手，联建企业先后投资1603.7万元，整合项目资金3500多万元，实施产业发展项目72个，建成了一批高标准产业就业基地、乡村民宿、三产融合项目。

据了解，联建企业与联建村签订帮销协议，2022年以来累计采购、帮销农特产品2600多万元。此外，还帮助健全了县镇村三级电商服务网络体系，2022年农村电商销售额同比增长20%。构建乡村发展共同体、厚植乡村建设新动能的“凤县模式”被陕西省“万企兴万村”行动领导小组肯定并在陕西全省推广。

二、绿色发展确保经济“硬转型”到“软着陆”

如何在生态效益与经济效益中找到平衡，实现产业发展“硬转型”到“软着陆”，成为宝鸡各县区高质量发展的重要课题。

在加强秦岭生态环保的同时，宝鸡坚持生态优先，实行产业准入清单管理，规范秦岭区域项目审批流程，严格项目审批和事中、事后监管，在产业生态化发展、可持续经营等方面进行有效实践。

凤县全境处于秦岭生态保护区内，保护面积在全省39个涉秦岭县区中排第4，是国家重点生态功能保护区。此前凤县地区生产总值的80%以上靠的是工业，严重依赖矿山开采。2019年以来，凤县按照秦岭治理要求，陆续关闭了海拔1500米以上的矿山企业，地方财力锐减15390万元。

据了解，凤县坚持走生态工业发展之路，着眼绿色新兴产业、朝阳产业，采用投行思维，优化营商环境，招才引智。在多次考察论证、多方征集意见的基础上，一些兼具生态友好及经济效益的高新技术企业，诸如陕西汉和新材料、陕西鼎川织业无纺布等相继落户凤县，“绿色”成为凤县县域经济转型的基色。

陕西鼎川织业新材料科技有限公司2020年在凤州园区中小企业孵化区实施了无纺布一期建设项目，并于当年12月正式投产。企业从事无纺布新材料的技术开发、制造及销售，填补了西北地区产业空白，并成为陕汽集团汽车内饰品供货商。

由于无纺布产业发展前景广阔，为了丰富和完善汽车内饰用无纺布产品结构，有效满足市场需求，企业于2022年6月在前期基础上建设投产了二期项目，目前已投产项目预计可实现年利税3000万元。

在陕西汉和新材料科技有限公司厂区，企业生产的铜箔产品主要应用于消费电子、动力汽车及储能三大领域，厂区采用密闭式生产模式，生产用水可循环利用，过程实现“零排放”。企业已累计形成年产 1 万吨负极专用铜箔生产能力，有职工 260 余人，可实现年收入约 10 亿元。

绿色、低耗能的产业为推动宝鸡市涉秦岭区域高水平发展提供了源源不断的动力。

第六章
渭南市：破难而进精准修复构建齐抓共治共享新格局

2022 年，渭南市秉持“绿水青山就是金山银山”的发展理念，始终将秦岭生态环境保护作为一项重大的政治任务执行，秦岭生态环境保护各项工作有序推进，并取得显著成效。为了进一步强化秦岭生态环境保护工作，渭南市多措并举加强秦岭保护的组织性、领导性，力争用体制机制优势管护好秦岭的碧水青山。

在加大秦岭生态环境保护和修复力度的同时，渭南市也积极探索生态环境价值转化的实现路径，依托华山景区等优势旅游资源，优化精品旅游路线、积极探索绿色产业发展，引导群众和社会力量参与到秦岭生态环境保护工作中，让人民群众共享绿色发展成果。

第一节　不断增强治理能力 生态美化持续推进

渭南市在秦岭生态环境保护过程中，通过压紧压实工作责任，强化跟踪问效，持续推动秦岭区域生态不断美化、发展不断优化、保护不断深化。

一、加强组织领导 确保生态环境保护有序推进

2022年，渭南市共召开市委常委会、市政府常务会等10余次，研究部署、强力推进秦岭生态保护工作。在此基础上，渭南市相继印发《渭南市秦岭生态环境保护2022年工作要点及任务分工》《渭南市秦岭生态环境保护责任清单》等，明确32条年度任务、115条长期任务，切实把任务分解到岗、把责任压实到底。

此外，围绕重点项目监督，渭南市印发了《关于做好全省秦岭生态环境保护警示片涉及问题整改工作的通知》《2022年全省秦岭生态环境保护会议渭南市重点任务清单》，对照陕西省秦岭办等单位反馈的问题和要求，逐条逐项细化落实。

渭南市委市政府主要领导还定期或不定期地深入基层检查督导秦岭生态环境保护会议通报问题的整改进展。渭南市委主要领导多次实地察看秦岭生态修复绿化情况、华山新麦草保护种植情况、森林资源管护和生态护林员巡山护林情况等，多次强调要坚持举一反三，全面排查，强化源头治理、标本兼治，不断厚植高质量发展的生态底色。

二、健全体制机制 提升生态环境保护质效

2022年，渭南市着力推进秦岭生态环境保护的制度建设工作，用机制管护好秦岭，用制度筑牢思想已经成为渭南市秦岭生态环境保护的工作准则。

在管理机制方面，渭南市不断强化林长、河湖长、警长制，完善“峪长制+警长制+网格化监管”模式等。将秦岭区域列入全市重要的市级林长责任制，由市委书记担任市级林长，县、镇、村分别设立总林长、副总林长和林长，进一步压实党委和政府保护秦岭的主体责任。截至2022年末，渭南市设市级林长1名、县级林长30名、镇级林长271名，村级林长997名，市县镇村四级林（山）长制体系基本建立。

按照渭南市“界限清晰、全面覆盖”原则，华阴市设置了秦岭生态保护三级网格体系，分级确定26名二、三、四级网格长和47名网格员，形成“峪长制+警长制+网格化”管理体系的全天候、交叉式的监管长效机制。

在工作制度方面，渭南市制定印发《秦岭区域生态环境突出问题“三色督办单”机制》传导压力、压实责任，对推进不力、整改缓慢等问题专项提醒、挂牌督办。通过建立秦岭生态环境保护重点工作任务情况“月通报、月排名”制度，对年度重点工作任务、突出问题整改、图斑核查整改等工作事项常态化通报排名。此外，渭南市还建立起疑似图斑“交叉联审”制度、涉秦岭生态环境保护案件“监督联动”工作机制等，进一步提升优化涉秦岭案件审理办理的能力和水平。

富有活力的机制是秦岭生态环境保护有序高效推进的持久动力，为推动秦岭生态保护工作顺利实施，渭南市将秦岭生态环境保护工作纳入

高质量发展综合绩效评价、“十项重点工作”内容，纳入年度目标责任考核当中。其中，秦岭生态环境保护作为减分项指标纳入临渭区等4县（市、区）考核，分值权重占0.5%。

随着秦岭生态环境保护工作被纳入到区县考核当中，各地领导班子和领导干部更加注重实绩实效，过去部分地区对秦岭生态保护重视不够等情况近年来很少再发生。

三、加大资金保障　引导社会资本参与环境治理

2022年，渭南市积极筹措各项秦岭生态环境保护资金，通过“争取中省支持”和“设立市县专项”相结合，切实加大秦岭管护力度。

2022年，渭南市争取并下达中省秦岭生态环境保护专项资金5369万元，专项用于秦岭北麓和渭北桥山矿山地质环境恢复治理、秦岭植被保护和野生动植物保护、秦岭地区农村生活污水治理和秦岭区域小水电整治工作等。

同时，渭南市不断加大市县投入，通过设立市县专项资金并纳入年初预算，每年投入市级秦岭生态环境保护专项资金5000万元确保各项保护措施得以顺利实施；涉秦岭保护范围的临渭区、华州区、华阴市、潼关县等4县（市区）分别设立专项资金并纳入财政预算。

此外，渭南市积极引导社会资本参与秦岭生态环境保护，渭南市通过推行“政府主导、政策扶持、社会参与、开发式治理、市场化运行”的治理模式，争取项目和资金支持，加快推进历史遗留矿山地质环境恢复治理。

腾讯公益、中国绿化基金会、阿拉善SEE生态协会等多家社会机构近年来也积极参与到秦岭生态环境保护行动当中，如在渭南境内组织的

“鹮田一分”“爱鸟护飞”等形式多样的活动，都为秦岭生态环境保护提供了社会力量支持。

值得关注的是，渭南市在积极拓展资金来源的同时，也致力于强化秦岭生态环境保护专项资金的效用。渭南市于2021年7月印发了《渭南市市级秦岭生态环境保护专项资金管理办法》以强化资金监管，在2022年得到良好的执行。

对2018年以来支持实施的秦岭生态环境保护项目，渭南市在绩效目标设置、项目实施进度、资金管理使用等方面进行了全面的梳理总结，针对评价结果指出的问题，督促加强项目建设和预算执行管理，强化资金使用监督，确保秦岭生态环境保护资金安全、规范使用。对新增项目，按照“谁申报预算项目、谁编报绩效目标”的原则，严格审核项目单位编报的绩效目标，专项资金下达时对绩效目标同步下达；督促相关行业主管部门和县（市、区）加快项目实施和预算执行，跟踪查找项目实施和预算执行中存在问题，纠正绩效目标执行偏差，不断提高资金使用效益。

四、强化日常执法 严防生态环境问题反弹

渭南市制定印发了《秦岭生态环境保护常态化执法检查办法》，坚决防止违法违规问题出现反弹。

2022年，市级层面开展两轮次联合执法检查，围绕秦岭区域《台账》问题、中省环保督察反馈问题、中省各类检查发现（反馈）问题整改落实情况进行全面、深入检查。

2022年，渭南市公安局先后开展冬春打击危险废物环境安全违法犯罪专项活动、打击破坏矿产资源犯罪专项行动等，强力打击破坏秦岭生

态环境的违法犯罪行为。

在林业执法方面，2022 年当地开展了“清风”等打击破坏野生动物专项活动，多部门联合执法出动执法人员 1607 人次，巡查检查农贸市场及大中型商超 323 家、网络交易平台 22 次，餐饮 453 家、酒店 6 家，检查人工驯养繁育经营场所 51 次，劝离违规野钓人员 100 次，共查办各类涉森林和野生动物刑事案件 16 起。

在临渭区，2022 年临渭区水务局联合公安临渭分局开展常态化河湖长、警长巡河巡湖工作，建立巡查、记录、反馈、整治工作机制，共出动人员 430 人次、车辆 145 台次，确保区域河湖生态安全。同时，临渭区秦岭办每月利用无人机对全区域秦岭范围内进行不定时、不定点低空飞行巡查，杜绝各类“五乱”问题的发生。

华州区则按照区、镇、村建立秦岭北麓二、三、四级网格化管理体系，固定片区巡查人员 51 名，对沿山七镇不定期开展巡查检查，规范化巡查记录，对发现的问题立行立改，督促各镇建立“划片包干、定人定岗、定位定责”的监管体系。

加强日常执法的同时，渭南市也充分发挥“渭南市秦岭生态环境保护实时视频监控平台”全天候监管作用，在秦岭重点区域设置监控摄像头 76 套，提升秦岭生态环境监管的信息化、智能化水平。

五、加强宣传引导 营造秦岭保护浓厚氛围

秦岭生态环境保护是全社会的共同事业。2022 年以来，渭南市通过广播电视、网络新媒体、报刊报纸、LED 电子屏、大型户外公益宣传牌、现场讲解等宣传秦岭生态环境保护的政策法规、采取的相关措施和取得成效、保护治理的典型案例和先进人物等，增强群众保护秦岭生态环境

的意识，营造全社会保护秦岭的浓厚氛围，推动秦岭生态环境保护治理主体多元化，引导全民积极参与秦岭生态环境保护。

此外，渭南市充分发挥融媒体优势，打造“专栏专题、重点报道、志愿活动、典型宣传”综合化、立体化的宣传模式，组织开展秦岭生态环境保护志愿行活动，2022 年市级媒体刊播稿件 320 余篇（条）。

在华山网、渭水之南等互联网新媒体平台搭建专题“秦岭生态卫士”，聚焦当地在保护秦岭生态中的先进人物，讲述了他们当好秦岭生态卫士，守护绿水青山的故事。

2022 年 12 月 1 日，渭南市民综合服务中心活动现场，一场以“保护大美秦岭，守护绿水青山”暨《陕西省秦岭生态环境保护条例》施行三周年为主题的宣传活动热闹举办，来往市民纷纷驻足观看。当天，渭南市秦岭办围绕生态环境保护规划、植被保护、水资源保护、生物多样性保护、开发建设活动环境保护等《条例》重点章节内容进行宣传，迅速在现场掀起了一波关注秦岭、保护秦岭的热潮。

第二节　“五乱”治理有序推进　山水林田稳步优化

渭南市通过加强组织领导、健全体制机制、强化日常执法，扎实推进秦岭生态环境各类反馈问题整改落实。

一、“五乱”整治成效显著

渭南市在进行专项整治的同时，通过查阅相关资料、实地检查、明察暗访等对秦岭区域的“五乱”、农家乐、疑似图斑等方面问题进行细致全面的督查检查，进一步巩固秦岭生态环境保护工作成效。

以华阴市为例，2018 年拆除乱搭乱建 1490 间 9.7 万余平方米、设备 37 台（套），清理固废 16 万余立方米，覆土 13.4 万余平方米，复绿 20.9 万余平方米，植树 6.3 万余株，恢复耕地 336.7 亩。2019 年渭南市“五乱”问题排查点位 57137 个，秦岭区域内确认的 22 个问题点位已完成整治并销号。2022 年 5 月、11 月开展秦岭生态环境保护专项执法检查，共计检查点位 22 个，新发现生活垃圾和建筑垃圾乱堆乱放问题 2 个，现场对责任单位进行了交办，2 个问题已完成整改。

专栏 一个小水电站的“绿色”嬗变

从渭南市区沿连霍高速一路向东至华阴市罗敷镇，再沿国道 G242 南行 30 公里，便至华阳片区。

作为渭南市秦岭小水电站清理整改的典范，罗夫河二级水电站如今通过全面整治、提升改造，成功获评水利部“2022 年度绿色小水电示范电站”称号，实现了一个小水电站的“绿色”嬗变。

经过整改提升后的罗夫河二级水电站，完成了生态流量泄放目标校核，最小生态下泄流量为 0.094 立方米 / 秒，满足河流生态要求。闸门处设有围堰、防护栏和警示牌，设有专用动力系统和照明，并有专人负责、专人管理，有人及时维护，压力钢管途径处充分考虑周边植被和环境进行了环保及水土保持施工。

根据实地调研察看，如今，罗夫河二级水电站已将发电机组、生态流量泄放、大坝、拦污栅、取水口、出水口、废弃机油收集及处理等位置的监控设备全部接入省级监管平台。

二、水土保持治理与监督持续强化

渭南市坚持秦岭区域水土保持工作月报、季报制度，截至2022年底，共计巡查200余次。其中，2022年5月组织沿线各县对秦岭区域矿山开采类生产建设项目开展水土保持监督专项检查工作，专项检查行动采取统筹协调、上下联动、分级推进的方式，分为全面排查、督促整改、联合督查三个阶段开展，于9月中旬完成省市县联合督查，并对督查项目进行现场技术指导。

在矿石治理方面，目前渭南市已全面摸清秦岭区域正常生产矿山底数、建立矿业权工作台账，推进67个历史遗留露天采石矿山恢复治理，现已治理完成63个，剩余4个均已进入施工阶段，正按照整改时限推进治理。2022年，渭南市涉秦岭4县（市、区）共完成治理面积91平方公里。

在水土保持方面，临渭区实施生态清洁小流域综合治理工程，2022年桥南段清洁小流域水土流失综合治理工程批复总投资500万元，综合治理水土流失面积16.35平方公里，包括涝池修复整治4座，实施化肥农药减量化措施528.22公顷，栽植水保林127.96公顷，经果林9.23公顷，封育治理969.59公顷；华州区2021年争取中省资金加大秦岭区域水土流失治理，投资200万元实施桥峪流域水土保持综合治理工程，治理水土流失面积5.71平方公里；投资300万元实施毛沟小流域综合治理工程，治理水土流失面积8.99平方公里，确保渭河水质安全；华阴市加快实施《2022年省级水利发展资金水土保持项目蒲峪小流域综合治理工程》《2022年省级水利发展资金水土保持项目郑西高铁沿线卫峪段水土保持综合治理工程》，共完成水土流失治理面积5.34平方公里。

三、生态修复有效提升

渭南市在秦岭生态环境保护过程中立足区域生态涵养实际，坚持自然恢复为主，人工修复为辅，保护修复并重的原则，对秦岭区域沿河沿路、荒山荒沟和低质低效退化林区、水土流失区、矿山遗迹区等，大力实施人工造林、飞播造林、封山育林、森林抚育等林业重点工程。

据了解，2022 年渭南市完成秦岭区域人工造林 4.83 万亩、飞播造林 3 万亩、封山育林 6.2 万亩、森林抚育 1.65 万亩、退化林修复 14.5 万亩，秦岭区域森林资源规模和植被质量得到进一步扩大提升。

其中，临渭区通过实施秦岭生态保护和修复项目、国土绿化试点示范项目、沈河源头湿地保护恢复示范项目等，截至 2022 年 12 月底完成人工造林 1.3 万亩、封山育林 3 万亩，预埋水泥桩、刺丝围栏、宣传牌和封育碑等封禁设施全部到位；华州区的矿山地质环境恢复治理 27 个点位完成治理 23 处，完成治理面积 2115 亩，剩余 4 处正按照 2023 年底前全部完成的目标稳步推进；华阴市制订印发《华阴市秦岭北麓地区矿山地质环境治理恢复工作实施方案》，全面开展矿山地质环境恢复治理工作。总体来看，目前渭南市历史遗留无主和政策性关闭的 36 个采石矿山，已全部完成生态恢复治理。

四、尾矿库闭库销号工作有序推进

经过走访调研核查，渭南市秦岭生态环境保护区尾矿库共有 10 座，目前 3 座已整治完成并销号。按照“一库一策”的原则，当地果断采取闭库销号、隐患治理、改造提升的方式对秦岭生态环境保护区尾矿库进行综合治理。

潼关县涉及秦岭生态保护区尾矿库分别是秦晋铁矿尾矿库、东风铁矿江水岔尾矿库等2座。其中，秦晋铁矿尾矿库经提升改造，安全设施符合相关标准，于2022年2月经过专家验收；东风铁矿江水岔尾矿库的生产设施已彻底拆除，现企业已无法履行主体责任，该尾矿库目前无安全环保风险，经相关部门现场复核确认，东风铁矿江水岔尾矿库不再作为尾矿库统计和安全监管。

在大力实施尾矿库综合治理同时，渭南市也积极推进绿色矿山建设。如在华州区金堆镇，有“中国钼都”之称的金堆城钼业集团有限公司近年来不断加大技改和环保投入，持续推进矿区环境深度治理，开展采矿场、尾矿库及排土场区域生态恢复，使绿色矿山建设取得明显成效，当地生态恢复治理和资源综合利用水平有显著提升。

图6-1　金堆城钼业集团有限公司工作人员在经过生态治理后的木子沟尾矿库内巡查。（2022年4月7日，新华社记者 邵瑞 摄）

五、摸清底数夯实区域生物多样性保护基础

渭南市生态环境局于2021年8月启动华州段、华阴段秦岭北麓及潼关段黄河湿地生物多样性本底资源调查评估，2022年10月调查评估报告通过专家评审。

华阴段、华州段秦岭区域本底资源调查，共实地调查整理秦岭北麓华州段维管束植物（包括蕨类植物、裸子植物、被子植物）129科514属1192种，脊椎动物（含鱼类、两栖类、爬行类、鸟类、兽类）266种；秦岭北麓华阴段维管束植物129科538属1323种，脊椎动物246种。

调查中还发现珍稀植物华山新麦草、紫斑牡丹、连香树、野大豆、天麻等10余种国家重点保护物种以及林麝、毛冠鹿、中华鬣羚、黄喉貂、金雕、雀鹰、勺鸡、红腹锦鸡、雕鸮、橙翅噪鹛、秦岭细鳞鲑、大鲵等50多种珍稀野生动物，为后续保护管理工作提供了第一手资料。

这次对相关区域进行动植物资源普查，重点摸清了区域内珍稀濒危野生动植物物种分布状况，建立了野生动植物资源档案、生物多样性数据库和信息平台，为后续的珍稀濒危动植物物种的专项调查工作提供了依据，也为秦岭区域生物多样性保护奠定了基础。

在摸清生物多样性本底资源的同时，渭南市加强对外来入侵物种的普查。如临渭区，2022年5月份开始对外来入侵植物开展普查，全区设定踏查线路4条，已踏查10余种外来入侵植物，涉及旱地、水浇地、果园、铁路、河流等11种生境30个踏查点、14个标准样地，普查到猕猴桃溃疡病、美洲斑潜蝇、白粉虱、苹果绵蚜4种外来入侵病虫害。

第三节　推进生态保护补偿
共享绿色发展成果

渭南市在加大秦岭生态环境保护和修复力度的同时，也积极探索生态环境价值转化的实现路径，让人民群众共享绿色发展成果。

一、推进区域生态保护补偿

秦岭的生态功能丰富，涵盖调节气候、涵养水源、水土保持、维护生物多样性、濒危动植物养护、森林碳汇、植物造氧等。秦岭不同类型的生态功能具有不同的生态价值，渭南市正积极探索秦岭生态保护补偿机制。

如 2022 年 3 月印发的《渭南市重点流域水生态环境保护“十四五”补偿实施方案》提出，对年度断面全部达标的县（市、区）按断面数量进行补偿；当下游出境断面水质优于上游考核断面时，对下游出境断面所在县（市、区）进行补偿。扣缴资金计算办法为断面水质类别降低档数乘以缴费标准（干流断面缴费标准为 200 万；支流断面缴费标准为 100 万）。当出现劣 V 类断面时，断面水质类别按 6 计类别数，并加一倍收缴。对于有上游对照断面的，扣除上游断面影响。

2023 年 1 月印发的《渭南市环境空气质量生态补偿实施办法》提出，市政府组织各县市区环境空气质量生态补偿工作。其中，由市生态环境局负责核算各县（市、区）生态补偿资金，并商市财政局提出生态补偿资金的使用方案。市财政局负责各县市区生态补偿资金的扣缴和管理。

2022年，按照省级部署，推动秦岭纵向综合补偿，策划实施了华阴市罗敷镇华阳片区川街村污水治理工程项目。

二、策划精品旅游线路

打造生态旅游特色线路，是践行“绿水青山就是金山银山”理念，培育发展“旅游+”新兴业态的一项重要举措。为进一步探索秦岭区域资源保护传承利用的新路径，塑造美丽渭南新形象，渭南市策划推出了“醉美秦岭康养之旅”在内的5条春季精品线路，乡果秋韵采摘之旅等4条乡村旅游线路。

其中，“醉美一号公路”黄河文化探索之旅、“天下粮仓”农耕体验之旅被国家文化和旅游部采纳发布，并在中省主流媒体进行宣传推介，积极引导社会公众参与支持生态旅游、森林康养、自然教育、森林体验，推进生态旅游提档升级，实现高质量发展。

图6-2　位于陕西省华阴市的华山风景名胜区如梦如幻，令人陶醉。（新华社记者 陶明 摄）

三、发展绿色农业产业

渭南市积极争取中央、省级政策资金支持，依托资源禀赋和当地条件，围绕秦岭北麓粮食、设施瓜菜、果业、畜牧业和渔业等，探索建立节水示范模式，形成一套全生产周期的技术路径和生产规范，实现农业稳产增产和绿色高质高效发展。

2022年，依托良好的生态环境，渭南市加速推动一、二、三产业融合发展，全力打造创新能力强、产业链条全、绿色底色足、安全可控制、联农带农紧的农业全产业链。全年粮食全产业链产值166亿元，苹果全产业链产值180亿元，蔬菜全产业链产值110亿元，特色果业全产业链产值超过230亿元，特色渔业全产业链产值10亿元。

第七章
汉中市：筑牢秦巴生态屏障 实践绿色低碳发展新模式

汉中是国家南水北调中线工程和陕西引汉济渭工程重要水源涵养地，也是“秦岭四宝”之一朱鹮的主要栖息地。多年来，汉中坚持走生态优先、绿色低碳发展之路，守护秦巴、汉江生态底色，为推进汉中高质量发展提供了坚实的绿色支撑。

2022 年，汉中市坚决守护筑牢秦巴山区生态安全屏障，生态环境质量持续向好。汉中市深入推进秦巴“五乱”问题整治，巩固小水电整治成果，扎实开展大气污染防治，大力实施幸福河湖建设三年行动，水环境质量稳居全省前列，同时积极探索生态产品价值实现等机制。基于加快实践绿色低碳发展新模式所取得的若干突出成果，汉中市荣膺“2022 绿水青山就是金山银山实践优秀城市”。

第一节　筑牢屏障优化生态
山水相依秦巴共治

2022年，汉中市全面推行林（山）长制，建设林长智慧平台，推进植树造林等重点任务开展，深入推进“五乱”问题整治，实施生态保护与修复，守护筑牢秦巴山区生态安全屏障。

一、落实林（山）长制 开展“基层林长责任年”

2022年，汉中市严格落实林（山）长制，已设立市、县、镇、村四级林长4570名，市委书记、市长带头巡林，全年各级林长累计巡林12.4万余次。

“像保护眼睛一样保护生态环境，像对待生命一样对待生态环境。”这已成为汉中市秦岭生态环境工作人员的共识，他们从责任落实、示范镇村建设、重点工作推进、智慧化平台建设等方面着手，推动林（山）长制从“建章立制”走向“全面见效”。

责任落实方面，汉中市2022年开展了“基层林长责任年”活动，要求开展林（山）长制体系建设“回头看”，自查自纠、查漏补缺，完善督查、考核等配套制度。市县共召开总林（山）长会议19次，发布总林（山）长令16个。

示范村镇建设方面，汉中市全市共有23个示范镇、43个示范村正在开展建设。在示范镇、村分别可以看到，镇级组织体系、管护区域等信息上墙公示，村级工作职责、巡护制度、组织结构、管护区域等信息上墙公示。守卫职责亮在显眼位置。

重点工作推进方面，汉中市以林（山）长制为总抓手，推进植树造林、松材线虫病防治、大熊猫国家公园陕西片区勘界、自然保护地日常巡查巡护等各项重点任务落实。以松材线虫病防控工作为例，根据专项普查结果显示，汉中市 2022 年松材线虫病发生面积 12.97 万亩，同比下降 0.41 万亩；病死松树 5.15 万株，同比减少 2.48 万株，降幅 32%。

图 7-1　秦岭深处的陕西省汉中市留坝县一处山林景观。（新华社记者 陶明 摄）

智慧化平台建设方面，城固县、勉县等地的林长智慧化平台建成投用。在林长智慧化平台上，可直观展示林长和网格信息员、生态护林员巡山轨迹、管护范围界线、管护面积等信息，反馈发现的问题可即时传送到平台指挥中心，方便准确、速效解决。

二、深入推进矿山生态修复 全覆盖督导检查尾矿库

2022年，汉中市不断加强矿山生态修复、硫铁矿污染治理和尾矿库治理。

矿山生态修复方面，汉中市一是做到摸清底数，结合秦岭地区矿山地质环境综合调查结果和矿权设置情况，动态更新秦岭地区生产矿山、历史遗留问题矿山地质环境恢复治理台账，实行“一矿一策”精准管理；二是坚持“自然恢复为主，人工修复为辅”，按照“宜耕则耕、宜林则林、宜草则草”的原则，重点对“三区两线”（自然保护区、景观区、居民集中生活区的周边和重要交通干线、河流湖泊沿线）可视范围内矿山采取清理危岩、整平渣土、开挖水渠、覆土绿化等工程措施进行治理。

对于正在生产作业的矿山，汉中市则按照“边开采、边治理”原则，努力做到“加快还旧账，不再欠新账”，力争将矿产开发对生态环境的影响减少到最小。

尾矿库治理方面，汉中市对全部72座尾矿库进行多轮全覆盖暗访督导检查，改造提升远程视频系统。秦岭重点保护区现有尾矿已经全部清理退出，嘉陵江上游28座尾矿库“一库一策”综合治理工作已完成9座，并持续按节点加快治理。

在尾矿库治理过程中，汉中市一是明确尾矿库安全生产包保责任，严控新建尾矿库，对留存的尾矿库远程监控并做好应急处置准备。

二是建立安全监管责任体系，实行尾矿库安全生产包保责任制度。明确所有生产、停产、在建、停建尾矿库的日常安全监管主体，明确每座尾矿库包保责任领导，明确驻矿或安全巡查人员，全面建立起防范化解尾矿库全风险的责任体系。包保责任人名单通过媒体公示。

三是对生产的尾矿库进行动态远程监控。汉中市已在陕西全省率先建成覆盖市域全部尾矿库（72 座）的动态远程视频监控系统，21 座正常生产矿山率先接入省视频监管系统。这一监控系统接入了应急部和陕西省应急管理厅监控系统平台，实现全市尾矿库坝体、干滩、泄洪口等重点部位远程视频监控，确保风险早发现、早预警、早处置。

三、强化分区管护　遏制“两高”盲目发展

2022 年，汉中市坚持规划引领、优化布局，制定了秦岭区域污染防治、水资源保护利用、矿产资源开发等 6 个市级专项规划。

汉中市依据陕西省自然资源厅相关规划文件，编制发布了《汉中市国土空间生态修复规划（2021–2035）》，各县区规划编制工作也在有序进行。同时，汉中市加快全市国土空间规划编制，着眼于汉中秦巴生态环境保护要求，深入开展汉江重点流域综合治理，加强南水北调中线水源涵养区保护，确保“一泓清水永续北上”。

汉中市“三区三线”划定成果已通过质检，市、县区国土空间总体规划已形成阶段成果。在国土空间总体规划中，初步构建了“一圈、两屏、两区”的市域国土空间总体格局，以及“两屏两江，多廊多片”的生态保护格局。

2022 年，汉中市制定印发《秦岭污染防治专项规划》《秦岭生物多样性保护专项规划》《关于推进“三线一单”成果应用的通知》《2022 年秦巴生态保护工作要点》，切实履行生态环境保护监管职责。

为健全秦巴生态保护长效督办机制，推进各类问题高质高效整改，按照整改事项紧急性和重要程度，汉中市委督查办和市秦巴办启动白、黄、红“三色督办单”制度。根据督办程序，启动“三色督办单”前，

先提前预警或挂牌督办。被督办事项在规定时限内未按时完成的，由汉中市委督查办和市秦巴办启动白、黄、红“三色督办单”程序。

四、实施生态保护与修复 确保秦巴美景常驻

2022年，汉中市科学有效推进国土绿化，扎实开展生态保护与修复。

图7-2 汉中市云雾缭绕中的一处秦岭山脉。（新华社记者 陶明 摄）

在增绿方面，汉中市全年共完成营造林38.85万亩，占年度任务的102%，全民义务植树812万株，乡村绿化美化提升建设17个村，实施重点区域生态保护和修复28.5万亩。全市森林覆盖率达到63.81%，位居全省前列，森林蓄积量达1.5亿立方米，汉中市林业局荣获“全国绿化先进集体”称号。积极争取国家级公益林补助资金17003.21万元，地方公益林补助2002.8万元，退耕还林补助资金5669.8万元，确保了天然林

保护和退耕还林各项政策的落地生效，按期完成新一轮退耕还草补助资金的政策兑现。

在护绿方面，汉中市组织开展“打击整治破坏古树名木违法犯罪”等专项行动12个，侦办刑事案件19起，收缴野生动植物及制品87只（件）。全年开展野外巡护45次，救助野生动物65只，未发现野生动物疫源疫病情况。此外，以“林（山）长制”推行为抓手，进一步推进森林资源管理，精准提升森林质量，加强森林火灾防控以及有害生物防治，严格天然林管理，通过开展人工造林、飞播造林，科学开展国土绿化，增加森林碳库总量。通过森林城市建设和乡村绿化美化，见缝插绿，做到应绿尽绿，增强了城乡生态系统的储碳量，助力了碳达峰、碳中和工作。

2022年，汉中市支持开展汉江水资源保护与开发、农田、矿区重金属污染与治理，认定汉中石门危险废物集中处置中心和陕西理工大学环化学院联合建立的汉中市“四主体一联合”新型研发平台“汉中市危废处置与污染控制产业技术研究院”，开展危险废物无害化处理和资源化利用、突发性环境污染控制与处置等方面的技术研究。认定汉中市气象局建立的秦巴山区气象灾害研究重点实验室、陕西地矿汉中检测有限公司建立的汉中市环境保护污染物监测重点实验室、汉中市环境监测中心站建立的汉中市生态环境土壤监测重点实验室、汉环集团陕西名鸿检测有限公司秦巴山区土壤与水质分析研究实验室等为生态环境领域市级重点实验室。

国培重点实验室建设是汉中市为高水平保护和高质量开发，进行技术探索和积累的重要举措之一。国培实验室在生物多样性研究、土壤修复与生态保护、生物资源利用与产业化等方面，取得了不少阶段性成果，有的研究项目获得省部级奖项，为更高水平地保护和开发秦岭生态资源提供了技术积累。国培重点实验室“市校共建”科研专项产业化项目通过了国培学术委员会和区域两轮专家量化评审，涵盖了环境保护、中药材种植与加工、食用菌、水产养殖、果业种植等五大产业化领域。

第二节　保卫蓝天碧水净土 河湖长制成效初显

2022年，以改善生态环境质量为核心，坚持系统观念，强力攻坚治污，开展碧水蓝天保卫战、土壤污染防治等生态环保重点工作，推进实施“5+1”治水建设幸福河湖三年行动计划，生态环境质量实现新跃升。

一、保护周边环境 做好“后半篇”文章

2022年，汉中市扎实做好秦岭区域小水电治理“后半篇文章”，积极做好奖补资金兑付工作，进一步规范秦岭区域整改类小水电站和保留大坝的日常运行维护管理。

汉中市涉秦岭区域小水电整治的电站共118座，其中拆除类70座、退出类26座、整改类22座。

在小水电站整治过程中把保护周边环境放在重要位置。对于拆除类的电站，按要求彻底拆除相关电站坝体、闸渠、管道等建筑物的过程中，落实拆除过程除尘降噪措施，及时彻底清运废料设施，严格生态恢复植绿标准。做到自然景观面貌恢复、河道水流保持通畅、生态修复一次达标。

汉中市安排秦岭生态保护资金预算4020万元，全面支持推进碧水蓝天保卫战、土壤污染防治、秦巴保护、森林防火及有害生物防治、林

（山）长制、河（湖）长制、汉江湿地公园管护等，为秦巴生态保护重点工作开展提供了强有力的财力保障。

创建“绿色小水电站”是小水电治理的重要目标。以石门水电站为例，这个水电站属于石门水利枢纽工程的配套工程，也是汉中市水利部门管理的最大的水电站。石门水电站响应国家关于水电站下泄生态流量的要求，改造泄水闸门，安装无节制的生态流量泄放设施，保证生态下泄流量。另投资建设了生态流量监测系统，将监测数据、监控视频接入市级监管平台。

为了清理石门水电站下游河道里树枝、树叶以及缠挂在树上的塑料袋等垃圾，该站组织职工进入河道，地毯式清理。经过10多天连续努力，使河道面貌焕然一新。维护水电站的生态环境成为每一名站内职工的责任。

二、开展智慧巡河　全面加强水资源保护

2022年，针对河湖点多面宽，日常管护难、群众参与度不高等问题，汉中市全面推行河（湖）长制、创新管理模式、运用技术手段，全面、系统地开展水资源保护工作。全市水环境质量持续保持优良，中心城区建成区黑臭水体保持“零记录”，汉江、嘉陵江出境水质稳定达到Ⅱ类标准。

根据河流实际情况，汉中市设总河（湖）长2名，汉江、嘉陵江等市级河流以县区为单位分段设县级河长。

按照横向到边、纵向到底的思路，将涉水区域划分到社区、村组。同时，汉中市设立河（湖）警长216名，面向社会招聘132名义务监督员，选聘河道巡查保洁员1277名，成立青年志愿者服务队12支，实现了每条河、每处塘、每座水库、每段沟渠都有人管。

紧紧围绕河（湖）长“见行动”、河湖治理“见成效”这一目标，市总河（湖）长带头，通过巡河调研、暗访督查、现场办公等方式，协调解决责任河湖突出问题。在汉中，时常可看到各级河长巡河、治河的身影；河水流到哪里，河长就管到哪里，既是监督员，也是信息员。

图 7-3　全国优秀河（湖）长、镇级河长肖利安（左二）与村级河长周明（左一）等在汉江边开展联合巡河工作。（2022 年 9 月 20 日，新华社记者 陶明 摄）

为了把河（湖）长制落到实处，汉中市构建规范的制度体系使河湖治理工作有效开展。一是明确河湖治理的协作分工。建立了“河（湖）长统筹、责任单位落实、河（湖）警长执法、检察长协作、水政执法人员巡查、河长办督办、专职人员保洁、监督员监督”的工作体系。二是制定河湖治理的奖惩措施。出台了“示范区县”“示范河湖”创建激励实施办法，将河（湖）长制重点工作完成情况纳入区县年度综合考核评价负面清单指标。

汉中市 2021 年启动治污水、防洪水、排涝水、保供水与智慧治水相结合的“5+1”治水建设幸福河湖三年行动，通过城乡供水一体化、中小河流生态治理、雨污分流等一系列民生水利项目，系统解决新老水问题。截至 2022 年末，已累计完成投资 70 亿元。

2022 年，汉中市运用信息化管理模式，搭建“河长巡河智慧云平台”，提升了全市各级河湖长巡河履职效率。在这个平台上，各级河长、河长办工作人员可以通过手机端查看巡河记录、上报问题以及反馈结果，实现了对巡河工作的精准化和精细化管理。

结合平台数据和“一月一提醒、一季一通报、一年一考核”机制，市河长办定期对各级河（湖）长、巡河员巡河履职次数、发现问题情况进行统计分析，分析结果为各级河长的业绩考核提供依据。

在治理河道采砂方面，结合国家卫生城镇复审、农村人居环境整治等工作，推进“清四乱”常态化、规范化。组织“四乱”排查和河道垃圾集中专项整治，对有采砂管理任务的河流及重要河段、敏感水域，开展专项打击整治行动。

在治理污水排放方面，汉中推进污水收集管网和雨污分流改造、沿江重点镇污水处理设施运行，组织开展入河排污口信息核查和监测，建成并投运水污染热点监测网络、秦岭水质自动监测站。

三、落实禁渔行动　加强水生生物资源保护

2022 年，汉中市通过实施“5+1”治水建设幸福河湖三年行动计划，水环境质量稳居全省前列，汉江汉中段入选全国首批美丽河湖优秀案例，长江十年禁渔工作获全国通报表扬。

汉中市开展陕甘川跨省交界水域联合执法行动 1 次、市县同步专项行动 9 轮、联合执法行动 244 次，出动执法人员 10956 人次、车辆（船艇）2745 车（艘）次，劝阻、纠正不规范垂钓行为 1635 人次，查办行

政案件63起。对生产生活船舶落实属地管理，收缴违规网具、钓具324套（副）。市县以政府名义公布了禁钓区域，开展了高频次的执法巡查，扭转了违规垂钓的势头。

汉中市扎实推进“5+1”治水三年行动、饮用水水源地保护、农村生活污水治理、医疗废水排查整治等专项行动，持续开展重点流域治理，强化巡河排查和预警监测。完成宁强嘉陵江干流等7个流域治理项目和3座重金属水质自动监测站建设，推进集中式污水处理设施及雨污分流工程建设，完成40个行政村农村生活污水治理。石门水库和长林饮用水水源保护区通过省政府批准，全市集中式饮用水水源地规范化建设比率达90%以上。开展农田灌溉水质监测和稻渔综合种养水质监管，切实保障水环境安全。

水环境质量的稳步提升也带来了水生生物资源的日趋丰富。2022年，汉中市完成长江流域水生生物资源监测汉中站监测任务，发现秦岭细鳞鲑、中华纹胸鮡、齐口裂腹鱼等土著鱼类五十余种。开展各种人工增殖放流活动22次，共向汉江、嘉陵江及其支流、水产种质资源保护区等长江流域重点水域增殖放流鲤、草、鲢、鳙、翘嘴红鲌等经济鱼类苗种155.155万尾，大鲵等珍稀濒危水生动物0.895万尾，共计156.05万尾。

第三节　循环经济成效显著
惠民产业独具特色

2022年，汉中市根据秦岭发展基础和资源环境承载能力，在严格保护的前提下，有序发展循环经济，积极探索如何把“绿水青山”变成“金山银山”，并在民宿产业、林下经济、体旅融合、有机农业等方面摸索出了经验，形成了特色。另外，留坝县通过成立“两山公司”加速生态资源的市场化开发；洋县采用垃圾焚烧发电，减轻了生态环境的承载压力，同时获得了经济效益。

一、“有机渔稻”展现人鸟和谐共生画面

在汉中市，“秦岭四宝”之一的朱鹮得到有效保护，野外种群数量不断增多、活动范围也越来越大。

图 7-4　两只朱鹮在洋县谢村镇的一片收割后的稻田里嬉戏。陕西省汉中市洋县位于秦岭南麓、汉中盆地东缘，是世界闻名的“朱鹮之乡”。目前当地生活的朱鹮有 7000 多只，秋收时节，朱鹮在田间飞舞嬉戏，构成一幅自然和谐的田园美景。（2022 年 9 月 22 日，新华社记者 陶明 摄）

朱鹮主要以水田中的泥鳅、青蛙、小鱼为食。为了处理好朱鹮保护和农业生产之间的关系，“鹮田一分”项目以稻田为切入点，创造了增加

农民收益与扩大朱鹮栖息地“双赢”的局面。项目通过种植有机水稻和稻田边缘“留白”（一亩地留出一分田）等措施，提高农田中泥鳅等水生生物多样性，从而增加朱鹮种群数量；再经商业运作，提高有机稻米知名度，打通高端消费市场，实现较高利润，再把利润又返还到项目中来扩大项目实施面积，形成一种良性循环。

稻渔综合种植养殖产业良好的生态基础，也为汉中市农旅融合、绿色循环发展提供了广阔空间。不少合作社负责人通过流转土地，建设稻渔综合种植养殖基地，有的还在周边建起民宿、食品加工厂、农民田间学校等配套设施。一到夏天，盛开的荷花和小龙虾啤酒节吸引了大量中心城区市民前来观光体验，稻渔综合种植养殖产业取得了可观的效益。

汉中市目前已累计修复农田600亩，野生朱鹮觅食环境得到有效改善，在保护朱鹮同时也保护了其他伴生鸟类，种群数量不断增长。同时，汉中市还建立了绿色农业产品品牌——“鹮乡米”。

二、“精品民宿”让“高颜值”产生“高价值”

屋外碧水蓝天、林荫茂密；屋内整洁明亮、格调雅致。现代化设施、绿色健康的特色美食，以及无处不在、充满负氧离子的空气成为秦岭民宿特色。秦岭民宿日渐成为城市居民亲近自然、康养身心的好去处和当地居民把风景变“现”的重要产业。

其中，留坝县民宿产业较为突出。“楼房沟民宿”“道班宿”“月亮河谷民宿”“星空住宿”等精品民宿在外的名气越来越响亮，旅游接待服务能力也不断提升。

专栏　**秦岭深处"变废为宝"的留坝精品民宿**

汉中市留坝县地处秦岭南麓腹地，森林覆盖率达 91.23%，境内生态环境优越，素有"天然氧吧"之称。近年来，当地政府依托秦岭独特的生态优势打造丰富的旅游产品，利用闲置资产，积极发展特色精品民宿产业，让游客享受恬静惬意的山居生活。其中，楼房沟、道班宿、月亮河谷等精品民宿声名鹊起。在留坝，有许多变"废"为宝的民宿项目。不论是县城中央、周边乡镇，还是更远的秦岭深处，民宿遍布在留坝县各处，向往山居田园的都市游客纷至沓来。

以"星空住宿"为例，留坝县武关驿镇河口村群山环抱的一片河滩上建了"中国栈道渔村"体验游项目。在这里，"星空住宿"是一大特色。到栈道水世界冲浪，到"中国栈道渔村"河口村住星空房、品特色鱼成了汉中市当下的旅游热词。

三、"两山公司"市场化开发生态资源

楼房沟、月亮河谷、星空住宿等留坝精品民宿开发运营的背后有一家特殊的公司起到了盘活资源、招商引资的关键作用。

这家公司就是留坝县注资成立的"两山公司"——留坝县两山生态资源资产经营有限公司。"两山公司"自 2021 年 8 月在留坝县挂牌以来，已累计授信 15 亿元，吸引直接新投资 20.59 亿元，撬动社会资本 21.8 亿元，实现了生态资源向资产、资本的有效转化。

公司一头连着生态资源，一头连着资本和运营市场。为了实现资源

对接，汉中市一是盘清家底、整合优势资源。建立资源目录清单，全面摸清各村资源数量分布、质量等级、权益归属、保护和开发利用情况，全县共摸排登记资源资产4000多处，整合“资源包”180个，其中村集体资源资产占比超过60%。

公司同时组建评估专家库，评估资源价值。吸纳文旅、农业、水利、金融等领域32名专业人才入库，并对资源进行评估。按照开发价值将资源分类，作为后期入市交易的基准价格。然后，收储资源，方便统一管控、开发。将分散在各村的资源资产向“两山公司”流转集中，分级形成“资产池”，由“两山公司”统一管控、开发。最后对摸底登记的生态资源资产，分批录入生态资源资产大数据平台，做到统一数字化管理、开发、招商。

据留坝县两山生态资源资产经营有限公司统计，截至2022年末，已录入生态资源资产2500余个，数字化招商系统上传“资产包”100余个，公司累计与天津先行集团、北京大有农业、同仁堂健康产业、宁宁文旅、携程集团等企业签订框架协议36个，落地项目12个。

四、“林下种养”依优异生态兴特色产业

秦岭区域海拔、雨量、温湿度等自然条件得天独厚，素有“生物基因库”和“天然药库”之称。为了提高林地综合利用率，林麝、板栗、猪苓、西洋参、淫羊藿等特色产业正在蓬勃发展。

以留坝县的林麝产业为例，该县取得饲养许可证的林麝养殖企业有5家，涉及养殖场35家。“10年前，我投资了100多万用于买幼崽和建设圈舍，现在养殖规模60只，每年收入达五六十万。”一家养殖场主表示，“林麝养殖对空气、温度要求比较高，这里处于林麝的适生区。主要

采摘山上的树叶作为饲料喂养”。

板栗是留坝县“林下经济”的另一代表。富含多种微量元素的土壤以及良好的生态造就了留坝板栗独有的特色。每亩地可收获四五百斤板栗，按2022年平均每斤6元的市场价计算，每亩地可为村民带来近3000元的收益，而且管理简单、投入少。

在城固县，雷竹、淫羊藿、天麻等被确定为林下经济发展的主导产业。目前已建设多个淫羊藿种植示范基地，通过财政资金扶持种植2000亩。

图7-5 汉中市留坝县火烧店镇居民夏菊芳在喂养林麝。（2019年7月16日，新华社记者 陶明 摄）

第八章
安康市：提高绿色发展水平 探索“两山”理论转化新路径

2022 年，安康市统筹兼顾生态保护、污染治理、产业发展，不断夯实生态环境基础。一是奋力推动生态优先绿色升级，积极探索生态价值实现机制；二是建立 GEP 目录清单与核算体系，全面组建县级“生态资源公司”，顺利完成首宗林业碳汇交易，生态资源资产运营迈出实质性步伐；三是优化国土空间布局，全面落实“三区三线”管控，新增建设用地 5.14 万亩，治理水土流失 426.33 平方公里，完成营造林 92.25 万亩，建成汉阴县观音河、平利县古仙湖国家湿地公园；四是深入开展秦岭“五乱”整治，83 座小水电整治任务全部完成，巴山区域小水电清理整改稳步推进。

以强化生态环保，提高绿色发展水平为目标，安康市“河（湖）长制 + 志愿者”经验做法在全国推广，长江十年禁渔、护航汉江渔业执法工作受到农业农村部表扬。白石河废弃硫铁矿污染治理完成年度任务，蒿坪河流域污染综合治理、石煤矿领域专项整治加快实施。岚皋县成为“绿水青山就是金山银山”实践创新基地，白河县获评全国自然资源节约集约示范县。

第一节 全面落实管护制度 保障山林净河湖清

安康市群山环绕、森林资源丰富。全市林地面积3014.88万亩，森林覆盖率约68%，是陕西省乃至全国重要的生态屏障区。

2022年，安康市持续全面落实“林长制”、推行“三到山头”工作机制、构建森林防火的“安全墙”，通过积极防治外来入侵物种、打击非法野生动植物贸易等措施保护生物多样性。

一、全面落实林长制 重点县域探索“智慧监管”

按照“分级负责”的原则，安康市设立市、县、镇、村四级林长近7000名，护林员2万余名，实现森林资源监管“全覆盖”。建立起“组织在市、责任在县、运行在镇、管理在村”的林长制组织体系，形成了“林有人管、事有人做、责有人担”的网格化管理格局。

安康市共划分了5个市级林长责任区，分别由5名市级领导担任市级林长，并明确了5个市级单位作为市级林长的对口联络单位，定点负责市级林长的巡林、督办等工作。

2022年，安康市通过探索“林长+”工作机制，建立起“林长+警长+检察长+法院院长”工作协作机制，有效发挥了“四长”在各自领域助力林长制、服务生态文明建设的作用。业已形成责任明确、协调有序、监管严格、运行高效的林草资源保护发展机制。

图 8-1 安康市宁陕县城关镇渔湾村建设的田园综合体项目一景。（新华社记者邵瑞 摄）

宁陕县位于秦岭核心地带，人口较少，域内绝大部分都是山林。为此，该县建设了县级林长制指挥（信息）中心和智慧林业平台，提升山林管理水平。

在宁陕县林长制指挥（信息）中心的大屏幕上，可实时显示智慧林业平台从中国铁塔公司摄像头传来的监控视频画面。这些画面通过人工智能图像识别技术被实时分析，如出现烟雾、明火、山林破坏、病虫害等异常情况，能自动识别出来，并及时报警。对于摄像头覆盖不到的盲区，不定期利用无人机空中巡查，从而实现监管全覆盖、无死角。

该智慧林业平台已实现与网格化管理的护林员联动。当指挥（信息）中心收到异常报警后，经综合判断、确定有可疑突发情况发生，便会通知网格内的护林员及时现场管护。

二、建立“三到山头”机制 筑牢森林“防火墙”

安康市森林面积大、林农交错、人居分散易出现野外用火监管盲区。为此，安康市建立“责任落实到山头、火险排查到山头、防控措施到山头”的“三到山头”工作机制，推动森林防火从注重灾后救助向注重灾前预防转变、从减少灾害损失向减轻灾害风险转变，筑牢纵向到底、横向到边的森林防火“安全墙”。

一是责任落实到山头。将落实森林防火行政首长负责制和森林资源保护林长制结合起来，实行森林防火全域网格化联防联控，确保各个山头地块、每片森林有人看护管理。

二是火险排查到山头。重点山头、重要节点全时段排查清除，力促把每个隐患、每个问题消除在萌芽。

三是防控措施到山头。以村为森林火灾预防的基本单元，以山林地块为森林火灾预防的最小网格，加强全民防火意识教育、灾害信息预警等防控措施细化落实，着力提升群防群治能力和快速反应能力。

近 3 年，安康市全市仅发生一般森林火灾 2 起、较大森林火灾 2 起，无重大森林火灾和人员伤亡事故发生，森林火灾受害率在 0.2‰以下。

三、多措并举 推进生物多样性保护

2022 年，安康市在全市范围内组织开展森林草原湿地生态系统外来入侵物种普查，计划用 3 年左右时间，全面摸清入侵物种的种类、分布范围、发生面积、危害程度、寄主及防控现状等基本情况。

原产地北美洲的松材线虫是严重危害松树的一种外来物种。为了提升松材线虫防治能力，宁陕县林业局与西北农林科技大学秦岭研究院共建全省首个松材线虫病防控实验站。

野生动植物保护的宣传活动多种多样。安康市举办了第九届“世界野生动植物日”集中宣传活动，安康市林业局主管领导在石泉县向朱鹮志愿者服务队授旗，宁陕县举办了朱鹮野化放飞十五周年主题活动等。

图 8-2　朱鹮在陕西宁陕朱鹮野化放飞基地管理站内的过渡饲养区内活动（2022 年 10 月 10 日摄）。近年来，经过坚持不懈保护发展，宁陕县森林覆盖率已达到 96.24%，朱鹮、大熊猫、金丝猴等珍稀保护动物数量攀升，朱鹮从初次野化放飞时的 26 只增长到 300 多只。（新华社记者 邵瑞 摄）

四、全面深化河长制 探索“河长 +”工作机制

近年来，安康市全面深化“河长制”。2022 年，安康市、县、镇（乡）、村四级河长体系已全面建成，实现了横向到边、纵向到底的“网

格化”监管体系，探索建立了“河长 + 警长 + 检察长 + 法院院长”工作机制。河湖管理范围划定和岸线规划利用编制工作基本完成。

河道“清四乱”进入常态化、规范化，严厉打击各类涉河涉水违法行为。围绕“水清、河畅、堤固、岸绿、景美”总目标，安康市开展河流健康评价和示范镇、示范河流创建，并且正在尝试利用数字化技术，建设“智慧河长”信息平台，增设视频监控、延伸监控区域、引入卫星遥感监控，提升河湖监管水平。

以宁陕县为例，宁陕县城关镇寨沟村护河员的工作受到当地村民的称赞。河水上涨，河边柳树上会挂一些白色垃圾，护河员与保洁员配合在一起巡护村里的河段，捡拾垃圾。旅游旺季时，游客随意丢弃的垃圾，在每天巡查的时候也会被清理干净。生态好了，野鸳鸯、朱鹮等鸟类纷至沓来。此外，护河员还会对前来玩水的游客进行安全提醒，减少安全事故的发生。

宁陕县每年都会召开全县的河长会，会上对当年的工作进行安排部署。经过几年的治理，到 2022 年，河道的乱采乱挖、乱占乱建等问题得到有效遏制，整治效果非常明显。河道采砂、乱堆乱放等历史遗留的突出问题一并得到解决。

宁陕县同时把防洪工程也纳入河长制，为乡村振兴提供河道安全保障。一方面，更加干净、美丽的河道为农村人居环境添彩，促农旅产业发展。另一方面，护河员作为公益性岗位，为当地农民带来额外收入。

与此同时，安康市还积极探索推行“河（湖）长制 + 志愿者”工作机制，按照“党政引领号召、爱心人士发动、群众广泛参与”的思路，建成共管共治志愿护河体系。

河湖保护志愿者的申请聘用、职责任务、巡查内容、巡查处置记录等环节都规范有序。形式多样的志愿护河公益活动都经过精心策划，确保

图 8-3　女子护河队在河边捡拾垃圾。（新华社记者 邵瑞 摄）

后勤保障。同时建立慰问关怀和定期培训机制，提升河湖保护志愿者的履职能力。河湖保护志愿者已成为安康市维护河湖环境的重要社会力量。

旬阳市双河镇高坪社区“女子义务护河队”，在发起人朱先萍的带领下，由高坪社区的一支爱心清洁队，发展到覆盖全市的 38 支共计 3000 余人的爱心志愿护河队。通过定时对境内街道、河道进行清扫，村容村貌和河道环境长期保持清洁有序。

五、加强重点水段监护 呵护汉江重要水源地

汉江石泉水电站库区是经陕西省政府批准设立的饮用水源地保护区，石泉县城居民的饮用水大部分取自于此。为实时监测汉江水质，随时应对和处置水污染事故，石泉县在库区附近设立了汉江水质保护站。

石泉县环境监测站安装了水质自动监测设备，每天都在线监测汉江

图 8-4　警车护送危化品车辆通过水源地路段。（新华社记者 邵瑞 摄）

水质，每季度还委托第三方公司监测常规指标 62 项，每偶数年进行全面分析监测 109 项指标。

紧邻库区的部分国道路段经常有运输危化品的车辆通过。为确保不会发生危化品泄漏污染水源的情况，当地成立了一支由公安、交通以及属地政府组成的专业规范的固定管控队伍，24 小时值班值守，对所有过往车辆进行检查、登记、护送。逢车必检、逢车必送，2022 年全年警车护送了 3000 余趟，确保了近万辆危化品运输车安全通过。

汉江水质保护站内设置了应急物资储备库，配齐了吸油毡、吸油枕、吸油索、化学品吸附卷等物资，一旦发生危化品泄漏事故，救援人员就能及时实施救援。

第二节　重点整治常态监管完善风险防控体系

2022年，安康市坚持重点整治与风险防控相结合，紧盯重点领域、重点行业，加强常态化监管，大力推进矿山治理修复，强化尾矿库环境风险防控。压紧压实责任，注重标本兼治，健全监督机制，切实把秦岭生态环境保护工作抓实抓好。

一、严格监管主动修复 不断提升矿山治理成效

安康市各级政府按照“谁破坏、谁治理”“边开采、边治理”的原则，进行矿山常态化监管、集中式整治，并积极开展矿山修复工作，努力减弱矿山开采对地质环境的影响。

一是多部门联动对矿山常态化监管。建立了联合执法制度，生态环境、发改、自然资源、应急管理、工信、水利、林业、公安等部门经常性开展联合执法。

二是对问题隐患开展拉网式排查整治，严格控制和规范矿山开采活动。2022年安康市对采石采矿领域问题隐患排查整治，各涉及区县对存在问题隐患的矿山制定“一库一策”整改方案，进行限时整治。对手续不全的，限时补办；对产能落后、污染严重的，坚决关停；对矿权仍在有效期内的，加强监管，严防企业违规扩大开采面等行为发生。整改完成后，对整治情况进行验收。

三是积极开展矿山修复工作。对于有主矿山，要求企业建立生产矿山年度治理任务工作台账。年初制定年度治理恢复计划，明确年度治理恢复措施部署位置和具体工作量，年末组织年度治理任务验收，严格落实“边开采、边治理”；对于历史遗留问题矿山，积极组织申报矿山地质环境恢复治理修复项目，争取项目资金支持，同时鼓励社会资金参与矿山生态修复治理。

经过采矿业的整治，安康市保留下来的矿厂布局更加合理、作业更加规范，还会把更多的资金用于改进工艺。

图 8-5　白河县卡子镇凤凰村一处废弃硫铁矿污染治理施工现场（2022 年 4 月 9 日摄，无人机照片）。为确保南水北调工程水质，陕西全力解决秦巴山区废弃硫铁矿污染历史遗留问题。目前硫铁矿污染严重的陕西白河县已编制总体治理方案，完成部分污染区域清污分流应急处置工程，引进矿山废水处理试验项目，综合治理工作加快推进。（新华社记者 邵瑞 摄）

退出采矿业的矿厂主多数已经投身到当地绿色循环产业中来。石泉县退出采矿业的矿厂主中，有的转向旅游餐饮业，有的做起根雕茶几生意，找到了新的收入增长点。

近年来，安康市逐步加大了矿山地质环境修复治理的力度。2022年，安康市共完成矿山地质环境治理恢复面积130公顷，其中历史遗留矿山完成治理恢复面积91公顷，持证矿山完成治理恢复面积29公顷，有责任主体关闭矿山完成治理恢复面积10公顷。全市秦岭核心重点保护区20个退出矿业权已全部退出。需要治理恢复矿山9个，均已进场开工；同时完成11个退出矿权不需要治理恢复的验收销号。

二、严控总量压实责任 强化尾矿库风险防控能力

安康市秦岭区域现有34座尾矿库。2022年，安康市通过严控总量、建设和运行标准，压实包保责任，安装在线监测，逐步提升尾矿库风险防控能力和水平。

一是严格控制数量、建设和运行标准。严禁在秦岭核心保护区和重点保护区内新建尾矿库，不审批新的头顶库，对列入闭库销号计划的限期完成，确保尾矿库数量只减不增。新建四、五等尾矿库采用一次性筑坝或干式排尾等安全水平较高的筑坝方式，严禁超设计坝高运行。

二是明确包保责任并注重信息公开。按照市、县、镇、企业夯实尾矿库安全监管责任，明确各级人民政府主要负责人是本地区防范化解尾矿库安全风险第一责任人，班子成员和尾矿库包保责任人对分管领域防范化解尾矿库安全风险承担领导责任。每年通过媒体公告尾矿库基本情况。尾矿库数量、名称、地址、所属或管理单位、包保责任人等信息发布在当地政府、部门网站及主流媒体上，接受社会公众监督。

三是定期督查检查并对问题隐患限期整治。安康市定期开展尾矿库治理督查检查，督促企业倒排工期，以严抓严管倒逼企业落实主体责任，按期完成整治任务。目前，按照“一库一策”安全隐患排查报告，所有尾矿库都进行了治理设计，其中31座的设计方案通过审查，8座尾矿库已启动工程治理。中央环保督察反馈的停用超过三年的3座尾矿库，计划2023年完成2座、2024年完成1座治理销号工作。

四是推动在线监测建设。经排查核实需要安装在线监测系统的尾矿库有26座，已安装联网并接入省厅尾矿库在线监测监管平台。

三、推进小水电集中整治 创建绿色水电示范站

整治秦岭区域小水电，是保护和修复秦岭生态、确保“一泓清水永续北上”的重要举措。为推动小水电站整治工作顺利进行，安康市注重发挥国企示范带头作用、优化资金使用、强化工作纪律和督导检查，2022年制定了《秦岭区域小水电整治资金奖补方案》，争取省级财政奖补资金3.52亿元，市级财政筹措资金1958万元。

整治工作以县级政府为主体，分步骤进行。在安排部署阶段，对陕西省确定的小水电评估结果和整治意见进行公示。成立工作组，抽调人员实行集中办公。在全面整治阶段，各区县结合实际制定了具体的整治工作方案进行整治并注重让国有及国有控股的电站发挥示范带头作用。在组织验收阶段，全面、详实、准确地整理各类资料并组织相关部门自查自验。

整治过程中经费保障是关键。安康市县两级财政部门制定小水电整治工作资金筹措方案，这些资金用于拆除退出补偿费、应急保障资金以及工作经费等。为了确保整治工作的顺利推进，在资金的使用上进行特

定倾斜。例如，对于提前完成退出、拆除的小水电站企业适当予以奖励。对部分情况确实有困难的电站职工先期补偿安置费用等。

整治过程中严肃工作纪律、注重督导检查。安康市印发了秦岭区域小水电整治工作“十必须十严禁”纪律规定。规定明确，严禁阳奉阴违、执行政策打折扣搞变通，严禁相互掣肘、推诿扯皮。督察检查组采用查阅资料与现场检查、面上督查与实地暗访、定点检查与随机抽查相结合的方式，每周督查、直到整改工作全面完成。

推进小水电站安全生产标准化和绿色小水电示范站创建是今后的一项重要工作。2022 年，已有 10 座小水电站通过绿色小水电示范站审核。通过绿色小水电示范站创建，水电站的硬件和软件都获得提升，对周围生态环境更加友好。宁陕县龙王坪水电站即是一例，厂容厂貌发生了很大变化，员工的素质有了进一步提高，小水电的监管也更加规范了，对外形象大幅提升。

第三节　生态产业蓬勃发展　产业生态持续优化

2022 年，安康市不断探索“两山”理念的丰富内涵和“两山”转化实践路径，走生态经济化、经济生态化的绿色发展之路，印发了《安康市建立健全生态产品价值实现机制实施方案》，形成了生态产品目录清单、GEP 核算规范和典型案例征求意见稿，实现了“生态资源公司”对 10 个县（市、区）和安康高新区、恒口示范区的全覆盖。

一、“空气”打包卖 实现碳汇交易

林业碳汇是指通过实施造林再造林和森林管理，减少毁林等活动，增加森林吸收大气中二氧化碳的过程、活动或机制，是应对气候变化的重要措施。碳汇交易是对固碳增汇指标的买卖，是真金白银的交易。2022 年，宁陕县完成首宗林业碳汇交易。

专栏　宁陕县开展森林生态价值评估，助力林业碳汇开发

近年来，宁陕县坚持生态优先、绿色发展，依托丰富的森林资源，积极探索生态资源交易机制，实现高质量发展。截至 2022 年，宁陕县共接待全国各地林业碳汇开发交易意向企业 9 家，经过前期考察、筛选，最终确定与深圳南泥湾实业投资有限公司开展林业碳汇经营试点。

2022 年 6 月，宁陕县与深圳市南泥湾实业公司签订了《碳汇自愿减排项目（核证减排量）收购合同》。本次碳汇交易碳减排量林地为上坝河森林公园 334.77 公顷人工林、交易周期为 4 年、交易减排量 2.5 万吨、协议交易单价为 40 元 / 吨、交易额为 100 万元。本次交易由深圳南泥湾实业投资有限公司采取购买期货的方式进行，将上坝河森林公园林业碳汇项目 4 年期减排量进行提前收购，待全国林业碳汇市场再次启动后，公司再投放到碳交易市场。

宁陕县全境位于秦岭，森林覆盖率96.2%，是国家重点林业县和生态功能区。近年来，宁陕县将林业碳汇和国土绿化、生态修复、森林资源保护相结合，依托丰富的森林资源，积极探索生态产品价值转化路径和模式，探索绿水青山的“变现”路径。

二、人文与生态结合 深挖旅游资源

安康市是秦巴汉水生态旅游重要目的地。2022年，安康市结合自身优势、资源禀赋，大力发展六大绿色工业，壮大培育六大特色农业，把人文资源和生态资源相结合，着力壮大旅游产业。

以石泉县为例，该县把全域旅游作为兴县富民的战略性支柱产业，依托鬼谷子文化和丝路文化，精心打造“鬼谷子故里智慧之乡”“鎏金铜蚕丝路之源”两张文化名片。推出“丝路之源十美石泉”大型原创实景歌舞剧演出，每年举办春季民间文化艺术节、夏季蚕桑文化节、秋季鬼谷子文化节、冬季庖汤会美食文化节四大旅游文化节庆活动。

图8-6　陕西宁陕县悠然山景区景色（2022年2月8日摄，无人机照片）。（新华社记者 邵瑞 摄）

宁陕县以创建国家全域旅游示范区为契机，坚持“生态立县、文旅兴县、产业富民”发展思路，相继建成了筒车湾国家4A级休闲景区、秦岭峡谷乐园3A级景区，上坝河、悠然山省级旅游度假区等一批核心景区，推出了秦岭国家公园清凉宁陕“研学游、周末游、亲子游”等多条精品旅游线路，打造了以“山水秦岭、山地运动”为主题的山地越野挑战赛、滑雪公开赛等体育赛事，形成了以生态观光、研学旅游、康养宜居、休闲度假为一体的全域旅游发展格局。

三、三产融合　发展特色生态农业

在保护、改善农业生态环境的前提下，安康市依托当地自然禀赋，推动一、二、三产业融合，发展特色生态农业。其中，富硒、中草药等产业较为突出。

专栏

老桑新芽——明星村基于桑蚕产业的乡村振兴之路

石泉县河池镇明星村坐落在秦岭南麓的群山环抱之间。站在明星村“天空之境”观景台上，向坡下眺望，漫山遍野的桑林令人心旷神怡。这就是明星村的招牌景点“醉美桑海”。这片桑林面积大约600多亩。据统计，全村桑园连片面积超6000亩，七成以上的村民参与种桑养蚕。

明星村所在的池河流域自古蚕桑兴盛。国家一级文物“鎏金铜蚕”在附近河道被挖掘出后，这片土地被誉为“丝路之源”。近年来，秉承悠久的桑蚕文化及得天独厚的生态条件，明星村走出一条以桑蚕产业为主导产业、农旅融合的绿色发展道路。据了解，2022年明星村养蚕5000余张、生猪存栏3.6万头、鸡20万余羽。全村人均产值达21502元，村集体收益46.8万元。在受疫情影响下，仍接待游客将近100万人次。经济发展起来后，明星村还用奖励分红的方式推进乡村文明建设。

石泉县处于安康市富硒带，地质岩层、土壤及水质含硒量较高，呈富硒状态。石泉县充分利用富硒资源优势和丰富的农产品，规划古堰富硒食品产业园，先后引进深鲨控股集团菜字头食品、柏盛魔芋等一批农产品加工龙头企业，初步形成集基地种植、产品研发、深加工、仓储物流、市场营销、外贸出口于一体的富硒食品产业集群，带动发展紫皮长茄、魔芋、黄花菜等蔬菜种植基地5万亩，优质密植桑园3.5万亩，直接就业1500人，间接带动就业3万人。

石泉县地处南北生物的过渡地带，适宜多种中药材生长，天麻、杜仲、山茱萸等15种中药材种植是当地特色。近年来石泉县建成中药材园区7个，其中草溪谷中医药健康产业基地以名贵中药材种植、特色产品开发、康养旅居、中医体验为主要功能，是首批陕西省级中医药健康旅游示范基地。

四、依托自然风光 发展精品民宿

安康市秦岭区域环境持续向好，是天然的“大氧吧”，发展康养民宿产业具有广阔的市场前景。为了发展民宿产业，安康市多个县（市、区）

出台了促进民宿产业发展的政策，民宿产业蓬勃发展，各具特色的精品民宿越来越多、正在形成规模效应。

宁陕县出台了《支持康养旅游产业发展三十条措施》，并印发《宁陕县支持民宿产业发展若干措施的通知》。通知从 10 个方面支持民宿产业特色化、规模化、高品质发展，力争到 2025 年，投资 20 亿元以上，建成精品民宿集群 50 个，改造农村土坯房 1000 户，新增民宿床位 5000 张，形成具有产业集聚优势的“秦岭宿集”。

图 8-7　宁陕县城关镇渔湾村一处由闲置农房改造而成的民宿院落（2022 年 10 月 10 日，新华社记者 邵瑞 摄）

石泉县印发《石泉县加快民宿产业高质量发展实施意见》指出，围绕“旅居休闲、度假康养”定位，重点在本草溪谷、明星桑海、中池花海、草池湾、黄村坝、杨柳新区、后柳水乡、曾溪联盟和高坎等乡村旅游片区，建设民宿聚集区。意见提出，到 2025 年，全县建成 50 家以上有文化内涵、有风情特色、有深度体验的精品民宿。

调研发现，各处民宿特色迥异，对久居城市、向往田园生活的人们都颇具吸引力。宁陕县渔湾村运用传统村落文化与简约时尚的现代元素“融合笔法”，打造出具有陕南风情的精品民宿、稻田体验等商业休闲人文观光区，形成可观可品可体验的多维乡村空间。

石泉县明星村的“沧海桑田·乡村明星”系列民宿与漫山遍野的桑林融为一体。游客居住在桑栖小舍、蚕仙阁、蚕花娘子居等特色民宿中，醉心于桑海花海之间，听虫鸣鸟叫，赏蝴蝶纷飞，感受惬意生活。

五、盘活农村资源 经营田园综合体

田园综合体是集现代农业、休闲旅游、田园社区为一体的乡村综合发展模式，通过吸引游客观光、体验，促进农业发展、农民增收。安康市秦岭区域的田园综合体在绿水青山环抱之中，更显生机活力。

宁陕县渔湾村具有典型的陕南秦岭村落特点，村集体统一将闲置的20处农房和200余亩土地有偿流转给渔湾逸谷田园综合体有限公司，用于发展乡村民宿田园综合体项目。综合体项目负责人表示，通过丰富多元的旅居食宿、自然教育、山货营销等体验，为当地和周边地区带来直接或间接经济效益，为村民提供了就业岗位，丰富了村民日常文化活动，同时也保护现有自然景观资源。

石泉县城关镇丝银坝村草池湾，是秦岭南麓的一个自然古村落，这个群山环抱的小山村，山坡、水田、池塘自成一体、风景如画。村民用传统方式耕作，良好的生态环境吸引朱鹮来此安家落户，繁衍后代。

当地村民在县政府的支持下成立了石泉县草池湾农旅融合有限公司，流转土地240亩，发展有机农业。公司负责人介绍，公司化运作后，对土壤进行了全面改良，提升有机质含量。目前，项目一期种植有机水稻110亩、有机莲藕50亩，而且已与一家公司签订订单协议。

目前草池湾田园综合体项目正在建设中。据介绍，未来草池湾还有茶空间、乡村生活博物馆、田间课堂、青旅民宿、农家餐厅、乡村会客厅、山谷剧场、非遗工坊等系列项目的落地，方便游客走进草池湾，观赏朱鹮、享受宁静诗意的田园生活。

安康市发展的富硒产业、乡村旅游、绿色康养、蚕桑丝绸、中药材等绿色产业在富民强市中彰显的作用，充分证明了“绿水青山就是金山银山”，也验证了生态保护与经济发展不是对立的而是统一的。

2023年伊始，安康市印发“三早三变”工作实施方案。方案结合秦岭保护工作从重点整治到常态化监管的实际，“三早”是指启动实施早防范、早发现、早整治行动，“三变”是指变事后处置为主到事前防范为主、被动应对为主到主动监控为主、点上推进为主到面上发力为主的工作重心调整。以期解决秦岭生态保护工作被动应付、工作滞后等问题，提升整体工作水平。

第九章
商洛市：打造宜居城乡环境 奔赴康养之都美好新生活

2022 年，商洛市城乡环境更加宜居，生态优势不断扩大。一是坚持“双查”“快查快处”和举报奖励等机制，严厉打击秦岭“五乱”；二是全面落实“林长制”“河长制”“田长制”，治理水土流失 331 平方公里，完成营造林 80 万亩，恢复治理矿山地质环境 2221 亩，11 条主要河流 23 个监测断面和 9 个城市集中式饮用水水源地水质稳定达标；三是创建省级乡村振兴示范县 1 个、示范镇 9 个、示范村 14 个，建成康养、旅游、宜居示范乡村 301 个。

以抓治理守底线当卫士，擦亮绿色发展底色，打造中国康养之都为目标，商洛市正在全力守护秦岭生态，抓好重点污染防治，加快绿色转型发展。“3456”秦岭山水乡村建设经验入选全国改革典型案例；中心城区空气质量优良以上天数 349 天，全省第一，连续 6 年进入国家空气质量达标市行列；建成全国首个生态产品价值与碳汇评估平台，商州区、柞水县成功创建国家生态文明示范区；镇安县丰收村入选“中国美丽休闲乡村”。

第一节　市县专设管理机构
铁腕整治“五乱”

2022年，商洛市严格执行《中共陕西省委关于全面加强秦岭生态环境保护工作的决定》《陕西省秦岭生态环境保护条例》和《陕西省秦岭生态环境保护总体规划》，常态长效抓好秦岭生态环境保护和修复工作，持续深化秦岭“五乱”和生态环境突出问题整治，坚持“双查”“快查快处”工作机制，强化责任担当，推动秦岭生态环境保护责任落实。

2022年以来，商洛市坚持铁腕整治“五乱”。建立了查事先查人、查人深查事的“双查”工作机制和五部门联合“快查快处”机制。各级纪检监察机关排查问题线索81件，立案61件，处分75件77人，诫勉谈话5人，谈话提醒9人，责令检查2人，下发监察建议2份。全市公安机关侦办刑事案件88起，刑拘10人，取保候审82人，批捕4人，移送起诉71案89人。全市检察机关提起公诉29件41人。共摸排生态环境领域案件线索250件，立案242件，发出诉前检察建议213件，提起公益诉讼8件。全市法院机关共受理环资案件45件，包含21件公益诉讼案件。

一、健全长效机制　坚持高位推进

2022年，商洛市修订8个市级专项规划和8个县（区）实施方案，形成了秦岭生态保护规划体系；设立市县（区）秦岭生态保护局，专职负责秦岭生态保护工作。制定下发了秦岭生态保护工作要点和《责任清单》《专项考核办法》，实行重点工作月报告、季评比、年考核，推动各项工作落实。

在工作机构设置方面，商洛市成立了由市委书记任第一主任、市长任主任的市秦岭生态环境保护委员会，组织协调推动秦岭生态环境保护工作的各项决策部署落地落实。2022 年 6 月，商洛市秦岭生态保护局正式挂牌，商洛市及下辖 7 个县（区）全部设置了秦岭生态保护局，秦岭生态保护工作力量得到全面加强。

在制度机制建设方面，构建“1+8+8”秦岭生态环境保护规划体系，即一个市级生态保护规划《商洛市秦岭生态环境保护规划》，《商洛市矿产资源总体规划》《商洛市地质灾害防治规划》《商洛市水资源开发利用规划》《商洛市生态修复规划》《商洛市水土保持规划》《商洛市天然林保护专项规划》《商洛市湿地保护专项规划》《商洛市生物多样性保护转型规划》等 8 个市级专项规划，以及 8 个县区的实施方案。建立秦岭生态环境保护网格化、信息化监管平台，落实市、县（区）、镇（办）、村（社区）四级网格员 2470 人，实现了网格化监管全覆盖。制定下发了秦岭生态保护工作要点、责任清单和专项考核办法，实行重点工作月报告、季评比、年考核，全市上下抓秦岭生态保护的政治自觉、思想自觉和行动自觉显著增强。

加强秦岭生态环境保护，宣传是十分重要的一环。仅 2022 年，商洛市就组织开展了“4·20 秦岭生态卫士行动日”十大行动、“4·23 学习日”“6·5 环境日”和“六进”（进机关、进企业、进校园、进村组、进家庭、进景区）宣传等活动，18 人荣获省级“优秀秦岭生态卫士”，形成了“共建共治、齐抓共管、全民参与”的秦岭生态环境保护新格局。

二、重拳整治“五乱” 紧盯问题促整改

2022年以来，针对秦岭区域“五乱”问题，商洛市按照“查事先查人、查人深查事”的“双查”工作机制和纪检、宣传、法院、检察、公安五部门联合“快查快处”机制，重拳整治秦岭“五乱”和破坏生态环境突出问题。同时，建立“三色督办单”、有奖举报机制，确保所有涉秦岭“五乱”问题和案件能够第一时间得到查处。

商洛市秦岭办组织各相关成员单位、各县区，开展了为时5个月的全市各类涉秦岭区域问题“大排查、大整治、大攻坚”行动。

为聚焦重点问题，商洛市秦岭保护局还常态化开展明察暗访，对问题整改实行挂图限时督办、任务专题交办，确保各类存量问题全面动态清零。

对照《2022年陕西省秦岭生态环境保护总台账》要求，截至2022年末，商洛市需在2022年底前整改销号备案的51个问题，除陕西省批准延期的5个问题外，其余46个全部完成整改备案，整改完成率和备案率均为100%。

2022年，针对陕西省秦岭办反馈的1630个疑似问题线索图斑，检查确认问题图斑695个，整改682个，完成整改率98%；在全省率先完成101座小水电整治任务，扎实推进小水电资金奖补，与75座小水电业主签订奖补协议；督促矿山企业依法制定矿山生态环境恢复治理方案，271家企业已制定162家，基本实现目前在生产企业全覆盖，恢复治理矿山地质环境1734.6亩，营造林73.89万亩。

第二节　夯实绿色发展根基　守护蓝天碧水青山

2022年，商洛市从水源涵养、水土保持、植被保护等基本做起，开展“两边一补齐”“两拆一提升”行动，全域推进秦岭山水乡村建设，扮靓绿水青山好颜值。

一是深入推进丹江、涉黄河流域综合治理，主要河流监测断面水质保持在Ⅱ类以上，建成城镇污水垃圾处理设施、小流域治理等8类污染防治项目291个，淘汰落后产能22.5万吨，建成农村污水处理设施353处，城市污水处理厂提标改造全面完成。二是加快实施矿业“五化”建设三年行动，陕西锌业创建为国家级绿色工厂。三是整治“散乱污”企业440家，淘汰机动车6163辆，受污染耕地和污染地块安全利用率均为100%。四是完成造林绿化45.9万亩，森林覆盖率达到69.56%，节能减排主要指标超额完成。五是空气优良天数达349天，居全省第一，连续6年进入各级空气质量达标城市行列，“商洛蓝”成为城市引以为傲的靓丽名片。

一、守护美丽蓝天　擦亮生态名片

商洛市全面落实《陕西省秦岭生态环境保护条例》和相关规划，严格建设项目环境准入。构建了以生态保护红线、环境质量底线、资源利用上线和生态环境准入清单（“三线一单”）为核心的生态环境分区管控体系，强化产业准入清单管理，严禁高污染、高环境风险行业进入，坚决守住秦岭生态环境保护底线。

为持续深入打好蓝天保卫战，近年来，商洛市不断强化落实“减煤、控车、抑尘、治源、禁燃、增绿”等措施，深入推进铁腕治霾、科学治霾、协同治霾，全力开展夏季臭氧污染攻坚和秋冬季铁腕治霾大气污染防治攻坚行动，相继实施“大气污染防治四年行动计划”和“铁腕治霾打赢蓝天保卫战三年行动”，紧盯工业企业、移动源及社会面源等领域，开展工业炉窑综合整治、挥发性有机物专项排查、非道路移动机械污染防治等专项行动，大气污染防治工作取得积极进展。

图 9-1　陕西省商洛市洛南县城一景（2022 年 8 月 17 日摄，无人机照片）。近年来，洛南县坚持产业为基、生态打底，紧扣“康养宜居”定位，聚力完善城镇体系，提档升级基础设施，配套建设了步道、口袋公园等服务设施。这座秦岭深处的小城呈现出一派天蓝、水清、岸绿的美丽景象。（新华社记者 陶明 摄）

《商洛市蓝天保卫战2022年实施方案》要求，突出重点，着力打好重污染天气消除、臭氧污染防治、柴油货车污染治理三大攻坚战，持续巩固“十三五”空气质量改善成果。2022年，商洛市中心城区优良天数349天，连续8年位居全省第一，连续六年进入国家空气质量达标城市行列。“商洛蓝”成为秦岭地区一道亮丽的风景线和城市引以为傲的生态名片。

二、守好“一江碧水” 扛起生态责任

2022年，商洛市水环境质量持续为优，丹江、洛河等11条主要河流监测断面水质达到功能区标准，丹江出境断面水质达到国家Ⅱ类标准，城市集中式饮用水水源地水质100%达标。以秦岭生态保护局成立为契机，商洛市牢记保障“一泓清水永续北上”和秦岭生态保护的重大责任，持续压责任、严监管、强落实，一体推进水生态修复、水环境治理、水污染防治、水岸线保护等工作，守护好秦岭水生态。

一是党政同责、河长履职成为治水新常态。夯实河长制基础工作，编制洛河等六条主要河流岸线保护与利用规划，划定126条河流管理与保护范围，并全面落实党政同责同抓的双总河长制度，市、县党政主要负责人分别担任辖区第一总河长，同时兼任具体河流河长，带头认领河流管护工作责任。全市共明确5名市级河长、31名县区级河长、1585名镇村级河长。“四级书记”抓落实，上下贯通的河长制责任体系实现了全覆盖。同时，坚持开门治水，全面激发河流管护新活力。通过开通河长制微信公众号，设置河长制公示牌，公布河长监督电话，在重点河段设置监控设施，聘请河流义务监督员，组建河流管护青年志愿者队伍等措施，打通河道管护“最后一公里”。

二是加强水源保护，持续强化水资源管理。全面加强二龙山水库等水源地巡查力度，保障水源地水质安全稳定达标，全市9个城市集中式饮用水水源地、16个“万人千吨”农村集中式饮用水水源地水质全部达标。建立重点监控用水单位信息台账，严格落实水资源管理制度。

2022年商洛市全市用水总量为2.92亿立方米。万元国内生产总值用水量、万元工业增加值用水量、农田灌溉水有效利用系数、重要江河湖泊水功能区水质达标率各项考核指标均达到省考要求。强化地下水监管，实行地下水取水工程户籍化、常态化管理。按期按要求完成水源采样送检，全市20眼国家地下水监测井、15眼省级地下水监测井测报连续稳定，监测站网运行良好，水质监测达标，未出现地下水超采情况。

在商南县，位于县城西南方向的三角池村，总占地面积36亩的污水处理厂承担着县城城区生活用水的排污和处理。2011年一期工程试运行，2018年商南县污水处理厂正式移交陕西环保集团水环境有限公司负责运营。2020年该污水处理厂二期开始动工建设，现调试已基本完成，日处理水量已达到2万吨/日，出水能够达到一级A标准，为商南县节能减排工作作出了贡献。

三是有序推进小水电站整治“后半篇文章”。截至2022年末，商洛市完成101座小水电整治任务，占陕西全省整治任务量的23.1%。其中，拆除81座、整改13座、退出7座。

结合自身实际，商洛市在整治资金补偿资金拨付上继续发力，印发《商洛市秦岭区域小水电整治资金奖补方案》，以确保尽快将省市县三级奖补资金兑付到位。加强小水电站日常监管工作和风险隐患排查整治。县级成立督查组，对水电站和保留类坝体安全责任落实、运维管理、生态流量下泄、安全生产标准化及绿色小水电站创建情况开展督导检查，确保小水电管理工作安全平稳有序。持续推进整治保留小水电站生态流量监管。开展秦岭区域小水电站生态流量评估，全市13座整治保留水电站均按照规定设置了生态流量公示牌，逐级落实了监管责任，安装了生态流量泄放设施和监测监控设施，无节制足额下泄生态流量。

积极推动整改类小水电站科学绿色转型发展。印发《关于做好农村水电站安全生产标准化和绿色小水电示范电站创建工作的通知》，明确整改类小水电站“双创”工作申报的标准、程序、方式等具体要求，推动小水电绿色发展。罗家营水电站2022年6月被陕西省水利厅认定为省农村水电站安全生产标准化二级单位，已按期按要求上传报送绿色小水电示范电站创建申报资料，并通过省级初审，上报水利部终审。

专栏 镇安县罗家营水电站——“小山沟”变身“大水乡”

青山树木葱茏，绿水碧波荡漾。如今，位于镇安县月河镇的罗家营村，因水电站整治建设，这个昔日闭塞落后的“小山沟”，摇身一变成为现在的“大水乡”，一个宜居、宜业、宜游的秦岭山水乡村和乡村振兴样板村初具雏形。

罗家营电站位于商洛市镇安县月河镇汉江一级支流的河干流上游，于2017年11月动工修建，2020年6月完工，同年9月3日并网发电，完成总投资5466.81万元，总装机4800千瓦，是镇安县旬河梯级电站开发项目的第一级电站。2021年6月罗家营水电站作为整改保留类电站被列入整改清单，整改过程中公司贯彻落实“一站一策”方案，按期完成整改并通过验收。

以罗家营水电站整改为契机，镇安县走出了一条环境友好、社会和谐、管理规范、经济合理的绿色发展道路。在生态保护方面，罗家营水电站修建了鱼类增殖放流站，完善鱼类增殖放流站的建设和验收，与有资质的企业签订危废物处置合同，形成闭环管理，安装生态流量监控设施，并接入陕西省秦岭生态监控平台，严格执行足额下泄生态流量，制定各类管理制度和管理台账，落实专人管理。

四是发展抽水蓄能，推动绿色发展。商洛市以抽水蓄能和全钒液流储能为重点，大力开发绿色清洁能源，提升新型能源供给能力，谋划打造千亿级清洁能源产业集群。

以镇安县为例，该县水资源丰富，发展抽水蓄能电站的条件得天独厚。2022 年 6 月 20 日，镇安县与国家电投签约将建设达仁镇抽水蓄能电站，这是在镇安落户的第四座抽水蓄能电站项目。该项目设计总装机容量 160 万千瓦，年发电量 30 亿千瓦时，以 330 千伏电压接入陕西电网，每年可为当地贡献税收 1000 万元，推动镇安经济社会高质量发展。此外，镇安还有我国西北地区开工建设的首个抽水蓄能电站工程，项目投资约 89 亿元，将安装 4 台 35 万千瓦可逆式水泵水轮发电机组，总装机容量为 1400MW，以 330 千伏电压接入陕西电网，预计 2024 年底全面建成运营。

三、守卫青山绿林　筑牢生态屏障

作为陕西省林业大市和重点林区，截至 2022 年末，商洛市现有林地 2546.98 万亩，占全市国土面积的 86.68%，森林覆盖率 69.56%。商洛市正在围绕森林资源保护、生态修复、责任监管，创新举措、精准发力，推动全市森林资源得到有效保护。

一是深入推进“林长制”，实现“林长治”。以推进林长制高效运转为总抓手，建立市、县、镇、村四级林长制，落实林长责任，划定市级林长责任区 7 个，县级林长责任区 104 个，镇级林长责任区 832 个，村级林长责任区 3071 个，各级林长在责任区域内开展巡林工作，并探索形成了推进天然林保护与公益林管理并轨的“1234”商洛市护林模式，即：

构建一套体系：逐步建立了以国家统管为主、以家庭管理为辅的“两林”统一化管理体系。坚持高位推动，建立组织体系；坚持协同联动，完善工作体系；坚持制度牵动，健全管理体系；

形成两大支柱：集体林管护支柱、国有林管护支柱；

建设三个平台：机构集成平台、信息共享平台、装备保障平台

健全四项机制：宣传引导机制、责任落实机制、政策支持机制、督查考核机制。

二是健全林业执法体系，加强部门协作。针对涉林案件中的刑事、治安和行政案件管辖办理问题，商洛市成立市、县区林政执法队，并积极与公安部门对接，在陕西省率先出台《关于加强和改进林业行政执法与刑事司法衔接工作的通知》，明确职责，促进部门间协作配合，为依法依规开展林业执法和秦岭生态环境保护工作提供了法治保障。推行“林长 + 监察长”“林长 + 警长”“林业 + 市场监管”的联合管护机制，严格落实秦岭生态环境保护快查快处联席会议制度，全面提高秦岭区域保护力度。

三是制定保护规划，加强智慧监管。围绕《商洛市秦岭生态环境保护规划》，制定了《商洛市天然林保护专项规划》《商洛市湿地保护专项规划》《商洛市生物多样性专项规划》，对全市秦岭区域重点部位、敏感

图 9-2　“1234”商洛市护林模式

地带升级管理，加强分级精细管理。同时，积极推进数字化智慧林业建设，依托湿地保护和野生动植物保护项目，初步建成商洛市野生动植物保护监测监控系统，对秦岭野生动植物实现网络化监管，提高资源管护水平。

以柞水县为例，该县营盘镇探索建立了“人盯人”+秦岭生态保护智慧管控模式，建立了管控大数据平台、安装了视频监控、购置了无人机等设备，利用现代化的手段解决了人为日常监管保护的盲区问题。营盘镇“人盯人”+秦岭生态保护智慧管控中心由大数据平台、视频监控设备和手机客户端三部分构成，大数据管控平台聘请中国电信开发建设，总共设计了秦岭“五乱”监管、野生动物保护、护林防火和数据分析等 8 个模块。

在视频监控设备上，通过安装和整合数字乡村、保护站等现有资源摄像头41个，覆盖了全镇出入境路口、重点林区等区域。特别是在牛背梁国家级自然保护区安装的摄像头，具备热成像功能，能随时捕捉到着火点位。此外，该系统同步利用无人机开展定期巡航，图像实时回传，随时发现和处置破坏秦岭生态环境问题。手机客户端开发了“融合通信APP”，可以实现图片上传、视频通话、一键报警等工作，实现了智慧管控中心与片长的互联互通，为守护秦岭生态环境提供了有效的技术支撑，弥补了“人防”的监管漏洞。

四、打好净土防御战　守牢安全底线

近年来，商洛市稳步推进净土保卫战，严控新增土壤污染，土壤风险预警网络进一步完善，耕地安全利用率持续保持100%，污染地块安全利用率达100%，重点建设用地安全利用有效保障，土壤环境风险总体安全可控，为商洛市绿色农产品、特色食品、有机食品等产品生产提供了安全、健康的生长、生产环境。

商洛市先后印发实施了“十四五”农业绿色发展、耕地土壤污染防治、农膜回收利用等专项方案；开展“绿盾2022”自然保护地强化监督行动，对自然保护地遥感监测问题点位进行整改并销号。

商南县扎实推进辖区内历史遗留涉金属废渣专项治理，积极将堆放场点全部纳入《陕西省汉江丹江流域涉金属矿产开发生态环境综合整治规划（2021–2030年）》方案。精准施策，分阶段推进治理任务，一方面积极申报无主金属矿渣防治储备项目，争取上级资金支持，另一方面重点推进2023年计划完成项目，目前已完成4处3万立方废渣的工程修复工作。同时，商南县加强对涉危险化学品的土壤重点监管企业的执法监管，确保辖区土壤环境安全。

商洛市还大力推动传统矿业规模化、绿色化、延链化、数字化、安全化转型，矿产业产值占比由2016年末的78%下降至2021年末的50%，三次产业结构由14.3：42.8：42.9优化为13.9：39.9：46.2，绿色发展势能更加强劲有力，陕西锌业创建为国家级绿色工厂，商南县千家坪钒矿被列入全国绿色矿山名录。

位于商州区的商洛市汇金实业有限公司，是目前陕西省生产公路上面层骨料规模最大、设备先进、质量最好的专业骨料生产加工企业，也是2018年商州区矿山整合后保留的七家矿山之一。商州区为该单位制定了矿山五化建设方案，在矿山开采过程中边开采边恢复环境，2022年2月至9月份投资800余万完成矿山大门口绿色建设，预计2023年还会投资900万完成加工生产线周围的环境恢复，力争在三年内打造一个陕西省绿色矿山样板企业。对矿山闭坑后形成的1000亩工矿用地，计划将其打造为矿山地质公园、老年人康养中心和绿色蔬菜种植基地。

第三节 打造生态康养之都 蓄积绿色发展动能

2022年，商洛市积极推进绿色发展，扎实开展生态产品价值实现机制试点。制定出台了商洛市加快推进生态产品价值实现工作《试点方案》《三十二条措施》，与中科院深度合作开展生态产品价值实现机制研究，建成全国首个生态产品价值与碳汇评估平台，认定“GEP自动核算”等创新案例7个，在全省率先开展“生态货”金融业务。商州区、柞水县获批国家生态文明建设示范区，柞水县入选第五批“绿水青山就是金山银山”实践创新基地，把绿水青山“好颜值”转化为金山银山“好价值”。

一、厚植绿色生态优势

打造生态康养之都是商洛市的“金字招牌”，商洛市将立足秦岭山水城市特色，优化顶层设计，科学布局城市生产、生活、生态“三大空间”，明确了建设“山水园林城市、旅游康养之都”的发展定位，打造宜居宜业、精致精美的生态康养之城。

图 9-3　2022 年 5 月 29 日商洛市康养产业信息发布会现场。（新华社记者 王承昊 摄）

以“中国秦岭生态文化旅游节”为窗口，近年来，商洛市深度挖掘地方特色文旅资源，创新开展“花开商洛市、避暑商洛市、多彩商洛市、年味商洛市”四季主题营销活动，发展康养游、研学游、红色游等旅游新业态，提升“秦岭最美是商洛市”品牌内涵，并持续加大招商引资和招才引智力度，为康养之都建设注入强劲动能。

政府工作报告内容显示，2022年，云山湖森林康养度假区等66个康养项目完成投资130亿元，金山康养产业园建成试运营，洛南、商南、镇安、柞水入选“健康中国·康养旅游百强县”，商州、洛南、丹凤、商南入选“美丽中国·深呼吸小城”，云盖寺古镇、仓颉小镇创成4A级景区，牛背梁创建为国家级旅游度假区。

图9-4　牛背梁国家级自然保护区羚牛谷景色。（新华社记者 邵瑞 摄）

根据规划，商洛市将持续巩固扩大生态优势，协同发展“医、养、游、体、药、食”康养产业体系，着力打造10个康养产业示范园区、10个旅游休闲度假区，开发10个系列健康产品，发展100家康养企业，培育形成千亿级康养产业集群，做实叫响“22℃商洛市·中国康养之都”品牌。

二、建设秦岭山水乡村 打造宜居和美家园

商洛市在陕西省率先发布《秦岭山水乡村建设导则》，按照“全域思维、全域谋划、全域整治、全域推进、全域提升”的要求，探索创新“3456”工作路径，因地制宜打造各具特色的秦岭山水康养、旅游、宜居乡村，大力提升人居环境和乡村生活品质，建设美丽宜居新农村。

一是坚持“三定”方向，明确任务定目标、出台导引定标准、达标验收定等级，坚持用秦岭山水乡村建设牵引农村人居环境整治；二是实施“四方”联动，政府主导高位推、行业主责主动抓、社会参与用情帮、群众主体自觉干，着力化解以往“干部干、群众看”的被动局面，聚集建设新动能；三是健全调度通报、暗访督查、约谈问责、考核评比、观摩点评机制“五项”机制；四是开辟“六化”路径，实施网格化整治、精细化提升、常态化巡查、矩阵化宣传、差异化奖惩、模式化推广，着力破解农村人居环境整治难题，绘制山清水秀的秦岭山水画卷。

商洛市以秦岭山水乡村建设为抓手，2021—2022 年共投入财政衔接资金 15.4 亿元，重点用于农村道路、产业路、旅游路、农村供水及农村人居环境“六清六治六无”整治（“六清”：清道路、河道、街巷、庭院、圈厕、田园；“六治”：治垃圾乱倒、污水乱排、棚圈乱搭、车辆乱停、柴草乱垛、粪土乱堆；“六无”：全域无垃圾、无污水、无塑料、无污染、无危房、无焚烧）。2022 年，全市建设秦岭山水康养、旅游、宜居示范乡村 301 个，创建省级乡村振兴示范县 1 个、示范镇 9 个、示范村 14 个。完成农村改厕 32.08 万座，建成国家重点镇 12 个、中国最美休闲乡村 5 个、省级美丽宜居示范村 48 个。

以丹凤县棣花镇为例，该镇依托名人效应打造了丹凤酒庄项目，项

目规划面积672公顷，是集基地种植、科技研发、产品加工销售、观光体验、食宿服务、健康养生于一体的示范镇。丹凤酒庄通过“公司＋农户＋基地”模式，链主企业丹凤酒庄直接带动2000多人镶嵌在葡萄酒产业链上致富增收，成为商洛市推动产业高质量发展的典型案例。项目建成后，将实现综合产值50亿元、利税2.15亿元，助力丹凤县实现工农旅三产融合发展格局。

三、三产融合、数字赋能促生态产业全链条升级

乡村振兴，产业兴旺是关键。商洛市立足本地实际，全链培育壮大菌、果、药、畜、茶、渔等主导产业，实施全产业链建设。目前，全市基本形成了香菇、木耳等木腐菌以农户为主半工厂化生产，双孢菇、白灵菇等草腐菌以企业为主全程工厂化生产的双轮驱动格局。2022年，发展食用菌4.55亿袋，生产茶叶1.1万吨，年产猕猴桃鲜果2500吨。商洛市食用菌、香菇、木耳、核桃、板栗、中药材、肉鸡、冷水鱼规模产量均位居全省第一。

在食用菌产业方面，商洛市以“五化”推进全链条升级：一是系统化谋划，制定全产业链建设实施方案，明确“时间表”和“路线图”；二是标准化生产，制定生产标准、技术规范，夯实全产业链发展基础；三是专业化加工，培育“链主”企业、“成长型”龙头企业以及初、精加工企业，补齐全产业链发展短板；四是市场化营销，加大品牌培育和推广力度，提升全产业链综合效益；五是机制化保障，建立市级工作领导小组，实行“链长”联产业、“副链长”联县区、科室联企业工作机制，加强全产业链发展服务。

在木耳产业方面，柞水县充分发挥生态、区位、资源等优势，将木

耳产业作为县域经济高质量发展的首位产业，大力实施原种培育、规模扩张、质量提升、新品研发、品牌营销、延链补链“六大行动”，不断提升木耳产业研发、管理、销售各环节的科技含量，形成产供销一体的数字化木耳产业体系，聚力打造集菌包生产、多样种植、精深加工、物流运输、包装印刷、休闲旅游、设备制造于一体的木耳全产业链示范基地。

图 9-5　地处秦岭南麓腹地的陕西柞水县下梁镇老庵寺村，依靠乡村旅游、木耳种植等产业的不断发展，村貌大幅提升，村民收入显著增长。（新华社记者 邵瑞 摄）

资料显示，近年来柞水县累计发展木耳大棚 2519 个、种植基地 80 个、木耳专业村 65 个、万袋以上种植户 3900 户。农产品供应链体系的完善有力推动了柞水木耳线上销售，促进农民增收致富。

2022 年，柞水县以木耳为主的农产品网络销售额达到 8449.5 万元，木耳产业链总产值超 50 亿元。同时，柞水木耳入选全国首批名特优新农产品目录、全国农产品百强标志性品牌榜，成为陕西首个纳入“国家品牌计划”的特色产品和全省首批农产品区域公共品牌。

全产业链建设推动‘三产’融合加速。截至目前，商洛市累计培育市级以上龙头企业 168 个、示范家庭农场 145 个、农民合作示范社 227 个、现代农业园区 167 个。镇安县丰收村被认定为“中国美丽休闲乡村”，柞水县杏坪镇被认定为“全国一村一品示范镇”，商南休闲观光体验线路入选中国美丽乡村休闲旅游精品景点线路。

农业产业化、绿色化、景区化、品牌化建设，不仅带动了一批康养农业、休闲农业、创意农业发展，也让农民享受了全产业链增值收益，带动农民增收。2022 年，全市实现农林牧渔业总产值 234.73 亿元、农业增加值 133.63 亿元，同比均增长 4.1 %；农村居民人均可支配收入 12781 元，同比增长 6.8%。

四、加快生态产品价值实现机制试点

商洛市在 2021 年联合中国科学院地理科学与资源研究所启动商洛市生态产品价值核算与实现机制的有关研究基础上，积极推进生态产品价值实现机制试点，切实把商洛绿水青山“好颜值”转化为金山银山“好价值”。

在开展自然资源确权登记的基础上，摸清生态产品家底，编制了生态产品目录清单，研究形成了生态产品评估办法，在秦岭地区率先开展覆盖各级行政区域的生态产品价值核算。开发了商洛市生态产品价值与碳汇评估平台，有效破解了生态产品“度量难”问题，为开展生态补偿、碳汇交易、政府绩效考核等提供了重要的数据支撑。

为加快建立健全生态产品价值实现机制，2022 年 12 月印发《商洛市加快推进生态产品价值实现工作三十二条措施》，明确了四方面举措，即从品质生产、品牌溢价、数智营销等维度，促进生态物质供给产品价值实现；从生态保护与修复、水源涵养、固碳释氧、生物多样性等维度，促进生态调节服务产品价值实现；从秦岭文化、休闲旅游、景观价值等维度，促进文化服务产品价值实现；从生态产品核算、生态资产运营、绿色金融支持、绿色发展奖惩等维度，建立健全符合商洛市实际的生态产品价值实现机制。

商洛市探索生态产品价值实现机制的实践，将促进形成生态产品价值实现的“商洛模式”“商洛样板”，为该市争创全国生态文明示范区奠定良好基础。

第三编

当好“生态卫士”发展生态经济

第十章 持之以恒破解秦岭生态环境历史遗留问题

秦岭生态环境与中华民族永续发展息息相关。近年来，陕西全省深入学习贯彻习近平生态文明思想和习近平总书记来陕考察重要讲话重要指示精神，社会各界对“国之大者”的重视程度空前提高，推进保护修复的制度机制不断完善，秦岭生态环境持续向好，秦岭生态环境保护工作取得阶段性成效。

然而，由于秦岭地域面积大、涉及面广，长期存在的问题不可能一蹴而就。课题组经过实地调研并与基层管理者、专家学者和公众座谈发现，随着秦岭区域突出典型生态环境问题得到解决，部分历史遗留问题逐渐显现，成为难啃的“硬骨头”，需要各级部门和社会各界共同努力，持之以恒地、有效地加以保护。

第一节 秦岭生态环境历史遗留问题仍需持续根治

近年来，陕西全省各级对秦岭生态环境保护工作的重视程度前所未有，相关部门强力管制，大力惩戒乱作为和不作为，出台了一系列政策措施。从2022年整体工作上看，秦岭生态环境已经取得了历史性、转折性、全局性变化，但不少遗留问题仍需引起重视。

一、矿山尾矿库治理遗留问题凸显

目前秦岭生态环境领域的隐患主要是历史遗留的矿山和尾矿库问题。秦岭区域矿山开发修复、尾矿库治理等问题发生时间长、涉及人群多，不可避免仍存在一些遗留问题。特别是过去一些年矿山开发造成的生态环境破坏隐患，矿产资源加工、弃渣堆放等带来的水环境污染隐患等，都需要时间来持续治理和恢复，一些区域矿山开发、尾矿库治理、污水收集与处理能力不足依然不容忽视。

以陕西省下发的2023年度涉秦岭动态问题台账为例，共纳入87个存量问题，绝大部分都是此前台账中未完成整改的“老大难”问题，还存在极少数“小、散、乱、污、呆”矿山。而依法依规化解历史遗留问题，主要还存在三方面障碍：

一是矿山修复存在技术难度。例如有的边坡岩石和矿坑废水呈酸性，不适合植物生长，短时间复绿种植往往会造成浪费；裸露的岩石经过日晒雨淋，如何防止水土流失或者山体滑坡，对矿山修复技术提出考验。二是涉及矿山面广点多。2022 年末，陕西省完成闭库销号尾矿库 45 座，计划到“十四五”末，全省尾矿库总量控制在 150 座以内。这些待修复的矿山分布区域广，点多、线长，为数字化管矿带来挑战。三是矿山修复治理的资金仍相对缺乏。陕西秦岭矿山生态修复基金如何进一步拓宽融资渠道，如何在党的领导下，构建起以政府为主导、企业为主体、社会组织和公众共同参与的环境治理体系，仍值得深入探索。

据了解，陕西矿山地质环境恢复治理工作主要集中在秦岭和渭北“旱腰带”等重点地区。2019 年，陕西各市将持续做好矿山恢复治理工作，认真落实好《陕西省矿山地质环境治理恢复与土地复垦基金实施办法》和《秦岭地区矿山地质环境治理恢复工作方案》作为重点，并安排专项资金，开展历史遗留问题治理工作。同时，陕西省自然资源厅指导各地市督促矿山企业落实治理主体责任，加快矿区范围内的恢复治理工作。

2018 年底，陕西省政府安排专项资金对秦岭地区的西安、宝鸡、渭南、安康、汉中、商洛六个市的重点区域矿山地质环境治理项目进行补助，补助资金 1.2 亿元，用于支持秦岭地区矿山地质环境恢复治理工作，打造示范工程。在此基础上，陕西还开展了国土空间生态保护修复的相关基础研究工作，做好顶层设计、统筹推进国土空间生态保护修复规划等基础工作。

二、秦岭区域水资源保护情况不够完善

据专家测算，秦岭水资源储量约占黄河水量的 1/3、陕西水资源总量的一半，是作为“北京水井”的丹江口水库最稳定的供水水源。然而，

流动的水资源却不能“独善其身”。目前，包括陕西在内的秦岭区域水功能区划和水资源保护制度不完善，跨区域山洪灾害治理、生态环境联防联治、区域协同发展和治理能力有待提升。此外，受地理环境影响，秦岭区域危化品运输车辆数量多、路线长、风险隐患大，特别是部分区域的危化品通道直接沿着秦岭区域水域和饮用水源地，存在危害水质事故发生的隐患。

三、秦岭区域仍存在物种入侵、生物危害等隐患

调研发现，历史上对秦岭林地进行过一定程度的砍伐，后来虽然通过天然林资源保护工程、人工抚育等手段进行恢复，但人工林地的品种单一、功能退化严重；且秦岭腹地还有1700公里的废弃公路，造成野生动植物生境破碎、隔离，系统性生态修复任务艰巨。此外，部分秦岭野生物种局部泛滥，也对区域群众生活和生物多样性产生影响，如偶尔在秦岭出现的羚牛、野猪伤人和伤害其他野生动物情况。

同时，陕西省秦岭范围内松材线虫病疫情防控仍需持续关注。松材线虫病传播蔓延迅速、致死快、防治难、适生范围广、经济损失严重，目前防治手段仍相对单一，以就地砍伐烧毁或粉碎消灭传染源为主。为减少松材线虫病疫情自然扩散机率，陕西省启动实施秦岭松材线虫病防控隔离带建设项目，目的是有效降低传播媒介松褐天牛种群密度，阻击松材线虫病疫情向秦岭以北自然扩散，但仍难以根本消除，对疫区农产品和林产品流通、省内林区生态安全等均造成隐患。此外，秦岭区域还面临粗毛牛膝菊、一年蓬、加拿大一枝黄花等外来物种入侵。

第二节 常态化长效化保护体制机制不够健全完善

秦岭生态环境保护的持续改善，离不开政策法规的制度支撑作用。目前陕西秦岭生态环境保护工作顶层设计基本完备，但受一些客观条件限制，体制机制还是存在不够通畅的地方，从而对整体工作效能产生了一定影响。

一、归口管理不畅影响治理效能

陕西省对秦岭问题高度重视，并专设部门进行管理，具体由陕西省发展改革委秦岭办专职协调、督导全省秦岭生态环境保护相关事务，但秦岭区域涉及的市县两级政府中，负责单位有的是政府组成部门、有的设在发展改革部门或林业部门，管理体系上“条条”不够通顺，没有完全实现垂直管理，容易出现责权不一致、管理“两张皮”等问题。

二、国家层面缺乏统一法规制约依法行政

早在2019年，陕西省就修订实施了《陕西省秦岭生态环境保护条例》，但在国家层面，目前尚无针对大秦岭（广义上的秦岭）生态环境保护的法律法规。

陕西省人大常委会长期关注此事，并在2022年11月专门召开会议，就制定《中华人民共和国秦岭保护法》听取了陕西中国西部发展研究中心的立法建议。此次座谈会以期在更高立法层面保护秦岭生态环境，并

研讨如何促进秦岭全域的可持续发展。在地方性条例上升至国家级法律法规之前，陕西省和西安市都出台了秦岭生态环境保护的地方性法规，但广义上的大秦岭范围涉及全国六省一市，无法在统一上位法的框架下进行统一管理或出台相关政策，对陕西秦岭生态环境保护依法行政产生了一定制约。

三、秦岭保护和发展步伐需要更加主动作为

目前，秦岭作为中华文化象征的宣传仍然较少。文化资源发掘、展示、传播、传承和创新等加强秦岭生态环境保护，宣传是十分重要的一环。部分基层干部坦言，目前秦岭生态环境的重要性已经得到了广泛认知，但主动宣传传播仍比较少，而且更多集中于对秦岭北麓违建事件的具体整治成效上，将其作为中华文化象征和建设美丽中国典型案例仍比较少，对于秦岭生态环境保护力度、成效和意义宣传不够。

另一方面，基层干部对秦岭生态环境保护工作尽心尽力且低调务实，但也部分存在对秦岭生态环境保护工作的成效和未来发展存在不想谈、不敢谈的情况。如何破解“思想的藩篱”，这也是秦岭区域未来如何保护和优化发展的一项议题。

第三节 区域发展不平衡不充分制约保护水平提升

一直以来，秦岭区域是陕西发展不平衡不充分的典型区域之一。得益于国家脱贫攻坚和乡村振兴工作的不断推进，秦岭区域县区也实现了

全部脱贫，区域群众生活发生了质的变化。但与此同时，自然环境的山大沟深、交通相对不便还是制约区域经济的发展，原有的依赖少量能源的粗放型发展模式仍在转型之中，生态补偿机制仍不够完善，生态价值转化路径才刚刚起步，这些都制约了更高水平的秦岭生态环境保护工作。

一、区域经济水平限制秦岭生态环境保护资金投入力度

秦岭区域内大多属于秦巴山集中连片贫困地区和川陕革命老区，秦岭范围涉及 39 个县（市、区），其中 32 个是脱贫县。陕西统计年鉴数据显示，涉秦岭 39 县 2021 年一般公共预算收入为 176.05 亿元，陕西省 2021 年一般公共预算收入为 2775.42 亿元。涉秦岭区县数量（39 个）占陕西省区县总数量（108 个）超 36%，但 2021 年度一般财政收入仅占全省的 6.34%。另据测算，秦岭区域县区人均国民生产总值、地方财政收入和城乡居民收入长期低于全国、陕西省平均水平，医疗、教育等基本公共服务水平较低，城镇垃圾、污水处理能力不高。此外，秦岭区域生态产业化和产业生态化尚未完全形成，依然存在一定的生态环境风险。

由于区域经济发展不平衡不充分，陕西省整体经济社会发展水平的限制，秦岭部分区域在生态环境保护投入上“捉襟见肘”，难以投入大量经费用于生态环境保护。极个别县区在关停矿山和不适宜开发的产业后，出现短期内财政收入下滑的现象。面对这样的情况，一些地方虽然严格按照中省要求坚决完成各项整治任务，但对于实现秦岭生态环境更高水平保护还是感到力不从心。

二、秦岭区域生态补偿机制难以实现全过程、全覆盖

2022年，陕西省秦岭区域生态补偿机制大步向前，取得了巨大进步。但秦岭区域一些基层干部群众指出，秦岭区域人口众多，发展问题需得到有效解决，目前的生态补偿机制还无法全过程、全链条、全覆盖作用于秦岭区域全部群众，在资源配置上还需要持续优化，在具体实践上还需要持续落实和探索，特别是跨区域之间的横向补偿长效机制还有待进一步提高。一些区域因保护环境每年损失很多，但实际上得到的生态补偿数额很少，资金缺口较大，同时也仍存在极个别需要资金补偿兑付但资金兑付不够及时的现象。

三、秦岭区域生态价值转化路径仍待探索

近两年，生态价值转化路径是生态优良区域发挥自身优势的重要方式。2022年，以商洛等地为代表，陕西省秦岭区域涌现一系列生态产品价值转化的典型样本。但这些案例也都刚刚起步探索，取得的实际效果还需要一个相对长的时段才能更好作用于地方和基层群众。

秦岭区域生态环境保护最紧迫的任务之一是巩固既有成果，加快生态文明示范区建设，让人民群众从已经完成和继续完成的工作上体现人民的获得感，让老百姓从绿水青山和金山银山中享受到福祉。大量人力、财力投入如果没有生产出来回报，难免沦为形式主义和面子工程。

第十一章 探寻秦岭生态环境更高水平保护工作路径

党的二十大报告指出："继续推进实践基础上的理论创新，首先要把握好新时代中国特色社会主义思想的世界观和方法论，坚持好、运用好贯穿其中的立场观点方法。"这为前瞻性思考、全局性谋划、整体性推进秦岭保护提供科学思想方法。

第一节　坚持系统底线思维谋划秦岭生态保护方略

面对历史遗留的秦岭生态环境保护问题，遇到的大都是更为深层次的困难和挑战。必须要保持生态文明建设战略定力，筑牢底线思维，坚持问题导向和目标导向相结合，抓住主要矛盾和矛盾的主要方面，分类别、分层次地解决秦岭地区遗留至今的生态环境问题，不断提高秦岭生态环境保护水平。

一、筑牢底线思维坚持问题导向　综合施策解决历史遗留问题

秦岭地区矿产资源开发造成的生态环境问题波及面广、矛盾交织、成因复杂，要增强全局观念，按照整体保护、系统修复、综合治理的总要求，协调好矿产资源保护与开发、矿业权退出与新设、历史遗留问题化解与新生问题防范、全域管控与重点区域治理等关系。

针对秦岭地区矿山治理问题，要积极应用生态修复和风险防控先进技术，以效益提升加快修复进程。此外，矿山生态保护修复具有很强的生态公益性，且投资大，仅靠有限财政资金推进困难。

针对秦岭水资源保护问题，要在全力创建秦岭国家公园基础上，打造中央水塔系统治理国家示范区，让秦岭在保护生物多样性的同时，成为水资源、水环境、水生态、水安全、水文化五水共治的新示范，实现

生态致富。

具体而言，以中央水塔区域系统治理为新使命，以生态优先、绿色发展为总目标，实现目标导向，落地生态价值和经济回报；以弥补欠账、消除危害为问题，实现问题导向，确保有效监督和承诺兑现；以生态质量、人民福祉为结果，实现结果导向，倒逼指标分解、项目落地。在南水北调后续工程贯彻先有机制、后有工程的战略目标条件下，统一调整水价，补偿水源地保护贡献，使中央水塔成为中线水源中最稳定补给水源的重要支撑，可提出每年 30 亿元至 50 亿元的生态补偿方案。

二、加快将秦岭区域生态保护上升为国家战略

秦岭区域涉及面广，必须坚持系统观念、协同推进，在中国式现代化指引下，统筹好多项国家战略目标，整体谋划秦岭地区的发展和保护，一体推进共同富裕、美丽中国及碳达峰碳中和等多重经济社会发展和生态环境保护行动。

建议应积极推动将秦岭生态保护和高质量发展上升为国家战略，加快构建我国内陆“一山两河”生态保护和高质量发展新格局。在梳理总结近几年秦岭保护做法与成效基础上，提出建设美丽秦岭目标，为建设美丽中国提供“秦岭样本”，立足政策接口，抢占获取更多支持先机，让“顶格保护”转变为“顶格示范”效果。

为更好实现秦岭生态环境高质量保护，需要政府更好履行监管与引导责任，特别是结合秦岭国家公园创建，自然保护地优化整合，国土空间规划调整、生态保护红线划定、大熊猫国家公园建设等，合理划分核心、重点和一般保护区，实行严格的生态环境保护。在管理体系上，仍需要继续提升中、省、相关市县区域一体化管理，加强“条条”之间的

贯通，形成上有归口管理，下有具体工作部门的管理体系。

以阿尔卑斯山脉为例，跨领域合作是最重要的保护方式之一。其是欧洲最大的山脉，覆盖面积约 190700 平方公里，横跨奥地利、德国、意大利、瑞士、法国、斯洛文尼亚、列支敦士登和摩纳哥八个欧洲国家，主要分布在瑞士和奥地利境内。近年来，随着人类活动的增加和气候变化等因素影响，特别是工业化、城市化和旅游业的迅速发展，独特而脆弱的阿尔卑斯山地区环境面临威胁。日益增长的城市化，因基础设施增加而导致的景观和栖息地的碎片化，以及该地区对休闲和体育活动不断增长的需求，造成了阿尔卑斯山区生物栖息地的丧失或破坏，对当地的生物多样性造成了负面影响。阿尔卑斯山地区各国以及欧盟层面均采取了一系列措施，并达成了协议，建立了相关合作机制，共同保护该区域的生态环境，相关机制和做法可为秦岭地区自然环境保护提供有益借鉴。

图 11-1　阿尔卑斯山地区国家保护经验

三、更好发挥正面引导、标杆激励的作用

秦岭是中华民族的祖脉和中华文化的重要象征，需要向外推介、传

递其作为中华文明和美丽中国承载的典型案例，宣传其作为中国促进人与自然和谐共生的典范。

一是需要更好发挥群众力量，促进秦岭生态环境保护。只有社会各界主动承担起秦岭保护的责任，将秦岭的事当做自己的事，秦岭的保护才能深入长久。通过构建出一个政府、企业、社会组织和公众目标一致、各尽其责的治理体系，才能实现秦岭可持续保护。

二是建立当地民众能真正在秦岭保护中受益的体制机制，比如科学布局农文旅融合，在开发区域进一步优化产业结构等等，利用多种方式营造出“人人争相为保护秦岭献策、秦岭的高质量发展惠及人人”的良好氛围。

第三，秦岭区域拥有众多历史文化遗迹，具备开展生态旅游产业先天优势。值得注意的是，历史文化传承与生态环境保护归口不同部门，如果促进两者协同的政策措施相对较少，那么将不利于二者形成合力。

四、强化生态环境保护基础科学研究

秦岭区域是《全国主体功能区规划》确定的25个国家重点生态功能区之一，“两屏三带”生态安全战略格局的重要组成部分，也是《全国生态功能区划（修编版）》确定的63个重要生态功能区之一。

秦岭生态环境的高水平保护，基础和前提是高标准的科学研究。这需要各级政府部门依照“尊重科学、实事求是”“既为当下、更为长远”的决策方向，为涉及秦岭山水林田湖草等生态要素的基础科学研究提供资金和政策支持，在科研机构设置、科研项目报批、科研人才培育等方面持续提供支持，不断促进基础科学深入发展。

第二节　健全长效体制机制筑牢秦岭生态安全屏障

绿水青山就是金山银山，良好生态环境是最公平的公共产品，也是最普惠的民生福祉。如何建立秦岭常态化长效化保护体制机制，尤为值得关注。

如前所述，2022年，陕西涉秦岭的地市将保护机构、工作阵地迁移到山脚下，并通过进一步夯实制度、厘清职责，探索整体性保护、系统性修复的长效机制。在此基础上，对于海内外山川治理的优秀经验，也需要兼收并蓄，并力求在保护好秦岭生态环境的同时，实现山区村民致富和秦岭地区乡村振兴，从而推动秦岭区域生态产品价值实现，让广大群众共享秦岭生态之利。这是目前和未来一个阶段值得关注的课题。

一、以建设秦岭国家公园为契机，提升生态保护水平

一是要以建设秦岭国家公园为契机，完善资源数据库系统，尽快组织实施秦岭水源涵养生态监测，做好生态保护修复工作。

二是要积极争取国家政策资金支持，加大基础设施建设倾斜力度，在国家重点生态功能区转移支付或生态补偿等相关政策执行上，重点倾斜地方政府和群众。

针对秦岭保护资金来源不足问题，以废弃矿山残留资源再利用为例，一是解决残余资源开采合法性问题，可以针对残余资源设立采矿权，由取得矿业权的企业负责开采、销售。二是在依法缴纳资源价款、保证企

业合理利润的基础上，其余收益全部用于项目区生态修复治理和解决历史遗留问题。可以实现节约资源、保护环境、解决治理资金和化解遗留问题的“多赢”。

为确保资源利用和生态修复依法有序推进，要建立健全项目各项监管制度，实行全时段全方位视频监管，对超越设计范围或擅自挖采矿产资源的依法依规追究责任，严厉打击盗采矿产资源行为，营造矿山生态修复的良好环境。

建立一套完整垂直的秦岭国家公园管理体系。以加拿大国家公园为例，加拿大实行垂直管理体制，国家公园的一切事务均由联邦遗产部国家公园局负责，与国家公园所在地没有任何关系。为了管理好全国范围内的每一个国家公园，国家公园局除在首都设总部外，还分别在 7 个大区设立办事机构。省立公园由各省自己管理，管理机构名称各不一样，如安大略省隶属自然资源部管理，艾伯特省隶属环境部管理，而不列颠

图 11-2　加拿大国家公园规划内容

哥伦比亚省隶属环境土地公园部管理。联邦政府遗产部国家公园局对各省省立公园管理部门没有管理职能，也没有指导关系。

二、加快推进“空天地一体化”的生态保护与监测体系全覆盖

要进一步提升秦岭信息化监管水平，大力发展“数字化保护”，借助5G、大数据、云计算等技术，实现对秦岭地区生态环境保护的精细化管理。

一是要从“水—土—气—生—人”等多圈层相互作用的角度，开展秦岭生态环境保护的综合调查研究，阐明秦岭岩体、土体、林体、植被、动物等生态环境与人类环境的作用关系，构建“空天地一体化”的生态功能优化、灾害防控监测和预警体系。

二是建立健全生态系统碳汇监测体系，将碳汇监测设备融入生态环境监测建设框架，建立省级碳汇信息共享平台，提高陆地生态系统碳汇评估的时效性和精准度，摸清秦岭生态碳汇家底。

三、普及自然科普教育，调动群众积极参与秦岭保护

在调动群众参与秦岭生态保护方面，应广泛尝试有偿补助形式和引入社会化力量。

一是建议广泛开展自然教育和科普教育，拓宽生态文化推介和生态体验服务，提升秦岭的社会影响力。

二是可建立、完善野生动物伤害保险制度、设立生态补偿基金、提高生态补偿标准、增加公益性岗位、加大生态移民补偿扶持投入等。通

过这些办法实现秦岭国家公园建设和群众增收致富的双赢。

三是研究把集体林、商品林转变成国家公益林，再按照国家公益林补偿标准进行生态补偿，增加农户生态收益。通过在秦岭国家公园区域设立 70 个管护站、200 个管护点，优先聘用当地村民担任生态管护员，不断增加群众收益。

第三节 用足技术社会力量提升秦岭生态治理效能

随着当前新一代信息技术的快速发展，“数实融合”不断加深，数字生态文明建设也面临更大机遇，这需要政府不断提升数字治理能力，构建更加智慧有效的“数字秦岭”。另一方面，治理手段离不开社会力量参与。从海内外实践来看，政府与社会力量形成的共治模式，对生态环境保护工作可发挥较大促进作用。

一、构建更加智慧有效的“数字秦岭”

目前，陕西省秦岭生态环境保护信息化网格化监管平台已经运行 4 年多，未来还将优化秦岭视频综合监管系统功能，实施秦岭生态卫星体系建设。在此背景下，应加快推进秦岭的数字化生态环境治理工作，聚焦重要环节，借鉴地学、农学、生态学、环境学、景观学等最新研究成果，充分运用现代先进技术和装备，切实提升生态环境修复和保护科技水平及综合效益，有效提升秦岭生态环境治理能力，为构建数字秦岭提供有力支撑。

针对生态环境治理过程中的数字化措施，浙江的经验做法值得借鉴。近年来，浙江以数字化改革为总牵引，构建“平台＋大脑＋应用”架构，以数据流打通业务流、决策流、执行流，推动生态环境领域业务高效协同，成为全国唯一数字化改革和生态环境“大脑”建设试点省。在秦岭生态环境保护工作中，陕西可借鉴浙江经验，不断升级生态环境监管“大脑”，推进核心业务多跨协同、环境数据应采尽采、重点场景全面贯通；综合运用卫星遥感、物联网等多种手段，推进“天地空人”生态环境态势智慧感知网络建设，延伸感知触角，加强信息捕捉，开展精准溯源，实现数据流、业务流、决策流、执行流的回路闭环。

二、推动社会力量深度参与秦岭生态环境保护

从海内外实践来看，政府与社会力量形成的共治模式，对生态环境保护工作可发挥较大促进作用。一方面通过建立当地民众能真正在秦岭保护中受益的机制体制，利用多种手段营造出“人人争相为保护秦岭献策出力”的良好氛围；另一方面，拓宽秦岭保护区域民众参与网格化管理的途径，并适当增加经济补助和奖励，提高民众参与共同治理的积极性和治理效率。

从海外相关区域的实践来看，民众和企业对环境保护的高度认识和参与也值得借鉴学习。如瑞士政府通过多项政策鼓励公民参与环保活动。例如，政府为向环保组织进行慈善捐赠的个人提供税收优惠，并制定多项环境教育计划，旨在提高公众对环境问题的认识。同时，该国还鼓励公众通过公众咨询和环境影响评估等机制参与环境决策过程。这有助于确保所有利益相关者的利益都得到考虑，并以透明和负责的方式保护环境。

挪威政府则与当地社区合作，让他们参与到自然保护区的规划和管理工作中来，并提供教育和宣传。这有助于当地居民提高主人翁意识和责任感，从而为环保工作提供更大的支持。通过与当地社区合作，挪威还可以促进可持续的旅游和娱乐活动发展，生态与经济效益并行。非政府组织在挪威生态保护方面也发挥着重要作用，它们的工作包括开展研究、公众宣传等。美国为做好落基山脉地区生态环保工作，注重培育当地环保企业，并提供了不少就业机会。如位于爱达荷州的落基山环境同仁公司（Rocky Mountain Environmental Associates）自 1991 年以来就为私人和公共部门提供环保、水权、水利相关服务。

第十二章
推进秦岭区域高质量保护和高质量发展

秦岭生态环境安全与中华民族永续发展息息相关，与构建人类命运共同体息息相关。随着秦岭生态环境保护的制度机制不断完善，如何在新时代新征程以秦岭高水平保护助推区域高质量发展成为当下面临的重要课题。

第一节　全面贯彻新发展理念
推进秦岭区域高质量发展

习近平总书记指出，“绿色生态是最大财富、最大优势、最大品牌，一定要保护好，做好治山理水、显山露水的文章，走出一条经济发展和生态文明水平提高相辅相成、相得益彰的路子”。

随着秦岭生态环境保护成效逐渐显现，在新形势下，需要从完整准确全面贯彻新发展理念入手，通过更好发挥秦岭优良生态环境的优势，坚持绿色发展、可持续发展、统筹协调发展，不断满足人民群众对美好生活的向往，实现秦岭生态环境高水平保护与秦岭区域高质量发展相互促进。

一、统筹建立秦岭生态环境保护与区域高质量发展一体化制度

秦岭区域涉及面广，必须在完整准确全面贯彻新发展理念的基础上，坚持系统观念、绿色发展、协同推进，整体谋划秦岭地区的保护和区域发展，一体推进共同富裕、美丽中国及碳达峰碳中和等多重经济社会发展和生态环境保护行动。

具体而言，立足秦岭自然资源禀赋，从创新生态保护管理体制、健全自然资源补偿机制、加强生态系统修复和推动产业转型等方面，积极推动将秦岭生态保护和高质量发展上升为国家和区域战略，出台相关政

策和规划，统筹秦岭区域生态环境保护和高质量发展。同时，可以先行重点推动一些示范市县（区）建设，逐步建立统一标准，然后向全部相关市县（区）推广。

在秦岭保护修复工作扎实推进、生态环境质量持续向好的背景下，推动经济高质量发展还需要更多着眼长远，不断提高专业监管水平，确保秦岭区域在发展过程中免受旅游、娱乐和工业发展的威胁，保护地貌景观不受到过多人类活动的破坏，真正做到发展不破坏、发展助保护，实现人口、经济发展与生态资源协调。

图 12-1 在位于秦岭南麓的陕西宁陕县寨沟村，朱鹮在天空中翱翔（2022 年 10 月 10 日摄）。近年来，陕西持续推进秦岭生态修复和保护，自然环境得到持续改善，朱鹮等珍稀保护动物数量攀升，生态休闲游等绿色产业不断发展，使秦岭形成一幅人与自然和谐共生的美丽画卷。（新华社记者 邵瑞 摄）

二、充分发挥各地比较优势和区域合作潜力

秦岭区域涉及范围广，各地资源禀赋与社会经济发展水平不完全一致，要实现高质量发展，必须充分发挥秦岭区域各个市县比较优势，构建高质量发展的动力系统。按照宜水则水、宜山则山，宜粮则粮、宜农则农，宜工则工、宜商则商的指导原则，坚持生态产业化、产业生态化，积极探索富有地域特色的高质量发展新路子。

在秦岭北麓经济发展水平相对比较高的部分地区，应抓好城乡统筹、以城带乡，让秦岭成为城市生活、城市元素的一部分；在秦岭南麓部分生态功能重要、不宜发展产业经济的区域，重点是保护生态、涵养水源，创造更多生态产品。部分粮食主产区可以发展现代农业，建设现代农业体系，生产特色农产品。

此外，在经济相对落后的部分秦岭山区，需要将巩固拓展脱贫攻坚成果同乡村振兴、农业农村现代化有效衔接，持续改善经济薄弱地区发展条件和农民生产生活条件。推进特色消费帮扶行动，探索产销对接新模式，扩大农产品销售规模，打造地域特色产业品牌。

围绕秦岭区域高质量发展，需要加强跨地市跨县区合作机制。在立足生态环境优的基本条件上，一方面需要发挥好比较优势，形成一县一策，避免低水平的同质化竞争；另一方面，高水准的一体化发展才能共赢。把握好相似性和差异性，找准合作方向，立足政策接口，共同合作抢占获取更多支持先机，共同推进绿色发展、循环发展、低碳发展，尽可能减少对秦岭生态环境的干扰和损害，节约集约利用土地、水、能源等资源。

三、构建适应秦岭地区生态特色的现代产业体系

绿水青山就是金山银山，改善生态环境就是发展生产力。要坚持产业生态化、生态产业化，加快推动产业转型升级、提质增效，全力构建适应秦岭地区生态特色的现代产业体系。

科学优化布局产业结构，是高质量发展的基本前提。秦岭区域自然资源禀赋优，但发展限制多，必须立足秦岭资源禀赋，发展绿色经济，培育壮大特色现代农业，推进工业转型升级，大力发展现代服务业，推进清洁能源开发、规范矿产资源开发、合理布局旅游开发、加快发展绿色生态产业、培育壮大生态康养产业、提升农家乐（民宿）发展、促进中医药产业全链条融合发展。

图 12-2　2022 年 8 月 23 日，洛南县麻坪镇三兴村村民在采摘五味子。陕西省商洛市洛南县麻坪镇三兴村位于秦岭云蒙山高寒山区。近年来，该村以中药材、设施大棚、订单农业为主线，因地制宜发展多元化产业，吸纳村民就地务工增加收入，不断推动乡村振兴。（新华社记者 陶明 摄）

着力培育发展生态、循环、数字、平台经济，推进形成节约资源和保护秦岭生态环境的空间格局、产业结构、生产方式、生活方式。把生态环境优势转化为生态农业、生态工业、生态旅游业等生态经济的优势，推动自然资源大幅增值，变美丽风景成美丽经济。在生态旅游业方面，推动与其他产业融合发展，生态旅游产品供给能力需持续优化，延伸产业链条。

秦岭区域农业人口多，因此做好“土特产”文章，培育更多“小木耳、大产业”式的特色产业，加快推进农业农村现代化，是推动秦岭区域共同富裕的重要举措。未来，需要不断提升核桃、中药材、木耳等经济作物产业链水平，大力发展生物医药产业和绞股蓝、杜仲、葛根、黄连、山茱萸、板蓝根等中药的规模化种植、开发，积极发展休闲农业、都市农业、创意农业等富民乡村产业，推动农产品精深加工，探索建设农业生产联合体，因地制宜发展现代农业服务业。

第二节　营造绿色发展社会氛围　实现“共保、共建、共享、共富”

没有发展，就不能聚集起绿色转型的经济力量；忽视民生，就会失去绿色转型的社会依托。在顶层设计基础上，要营造严格保护、绿色发展的社会氛围，充分发挥思想引领、文化引领、活动引领、智力引领的重要作用，最终形成社会公众共同参与秦岭区域高质量发展的蓬勃之势，从而让政府顶层设计落到实处、事半功倍，更好推动发展方式绿色低碳转型，培育绿色生活方式，让绿色成为秦岭区域高质量发展的靓丽底色，增加秦岭区域群众获得感，让人民群众切实感受到保护生态取得的实际成效，实现秦岭区域人与自然和谐共生。

图 12-3　2021 年 5 月 25 日，西安市民带着小孩在沣河金湾沙滩上玩耍。近年来，西安市在秦岭生态治理和推进全域治水的基础上，进一步实施了总长度达 303 公里的“三河一山”绿道建设，充分利用沣河、渭河、浐灞河以及秦岭丰富的自然山水生态和历史人文资源，构建出一条条包含游径、绿化景观、休憩驿站、水利设施等系统工程在内的绿色长廊。如今的古城西安，被“三河一山”的“口”字形绿色廊道环绕，市民游走其中，处处是风景，步步好心情。（新华社记者 邵瑞 摄）

一、思想引领：积极引导推进绿色生产方式和生活方式

生态环境问题归根结底是发展方式和生活方式问题。要实现绿色发展，最重要的还是真正实现绿色生产方式和绿色生活方式。而绿色循环低碳发展，是当今时代科技革命和产业变革的方向，是最有前途的发展领域。

稳步推进秦岭区域绿色转型发展，潜力巨大，可以形成许多新的经

济增长点，但这首先需要形成生态环境与经济效益并行的共识。只有社会各界逐渐形成共识，将生态环境保护与高质量发展一体考虑，构建出一个政府、企业、社会组织和公众目标一致、各尽其责的治理体系，坚决去除产业发展中的环境隐患、坚决走绿色循环低碳发展的道路，才能更好实现秦岭区域可持续发展，实现民众在秦岭区域高质量发展中受益。

全社会形成绿色发展的共识，有赖于主流媒体的积极引导。一方面充分利用主流媒体主渠道推送作用，全方位、多角度展示秦岭生态环境保护与发展的特点、价值与意义，阐释秦岭生态环境保护的各项政策；同时对绿色发展、特色产业发展进行系列化、主题化报道，实现定向推送、精准宣传，记录更多微观事件、基层做法与典型经验，供政府决策者和社会公众了解参考，提升公民与企业环境意识、助力政府治理决策。

二、文化引领：挖掘秦岭文化内涵助力秦岭区域发展

“抓生态文明，既要靠物质，也要靠精神”。发掘秦岭生态环境的文化蕴含，彰显秦岭的卓越气质，才能从根本上做到自觉保护、绿色发展。

秦岭是中华民族的祖脉和中华文化的重要象征，其重要性不逊于欧洲的阿尔卑斯山脉、美洲的落基山脉，随着秦岭生态环境质量的不断提升，更需要向外推介、传递其作为中华文明和美丽中国承载的典型案例，将其作为中国要加大人与自然和谐共生典范的宣传。

秦岭区域文化形态多样丰富，关中地区的周秦汉唐文化，陕南地区的汉文化、巴文化等等都是中华优秀传统文化的重要承载体，具有超越地理位置的重要影响力，是中国与世界其他国家文化交流、文明互鉴的重要渠道。应充分挖掘秦岭区域文化特征，使之成为具有陕西特色、务实深入的对外交流“文化窗口”。特别是需要加强秦岭文化资源的挖掘与

保护，注重保护与发展并举，统筹推进秦岭文化遗产、自然遗产资源保护，对文化遗产实现活化利用。

秦岭其本身的文化蕴含也别具一格，具有唯一性和标志性，需要加强秦岭、华山的中华文明、中华地理的精神标识和自然标识保护。同时进一步挖掘秦岭中央水塔等文化元素，形成具有特定开放空间的公共文化载体，集中打造中华文化重要标识。

秦岭文化还可以赋能乡村振兴。应积极探索“生态 + 文艺 + 旅游 + 乡村振兴”的绿色发展新路径，打造一批农文旅融合新 IP，打通绿水青山与金山银山的双向转换通道，让老百姓真真切切看到变化、得到实惠、感到幸福。

三、活动引领：打造秦岭区域高质量发展的标志性活动

秦岭区域高质量发展之路，要走出“养在深闺人未识”的困境。秦岭区域自然禀赋优越，更需要梳理并打造具有高水准的标志性活动，形成具有高知名度的高端品牌。如加快开发秦岭区域重要生态保护地生态旅游产品，构建生态旅游品牌体系，实施节庆会展工程，创办高水平国际性展会活动，打造秦岭区域生态体育赛事品牌，等等。通过“生态 + 活动”“生态 + 赛事”等等形成持久而正面的关注度，将秦岭打造成“美丽陕西的封面、中国生态的名片”。

通过充分发挥标志性平台展示作用，让受众亲身感受秦岭生态环境的优美和谐、产业发展的丰硕成果和高效优质的服务水平。利用大型标志性活动和品牌活动，整合资源创新进行推介，展示秦岭区域特色资源优势、发展优势，吸引省内外知名企业关注聚焦。

四、智力引领：强化高质量发展的智力支撑与创新驱动

高质量发展离不开高水准的理论研究。要以研究作为前提，一方面引导国内外高校、科研机构、智库加强对秦岭区域高质量发展的深入研究，对秦岭区域的产业布局、产业升级及保护与发展等重要前沿问题进行深入调研，在理论上探索边界、引导实践；同时鼓励成立更多专业秦岭研究智库等各类机构和平台，举办秦岭区域高质量发展论坛等研讨活动，不断传播思想、展示发现、凝聚共识、推动发展。

秦岭区域实现高质量发展，离不开科技投入和创新驱动。秦岭区域生态环境保护要求高，不能发展粗放型的资源消耗型产业，需要发展高技术含量的产业，需要以创新为基本驱动力。这需要向科技要效益，向创新要效益，结合适宜在山区发展的高新技术，实现区域经济产业高端化、生态化。

第三节　创新践行“两山”理论赋能秦岭生态价值转化

对于将绿水青山转化成金山银山来说，交易与变现是核心。党的二十大报告明确提出，“建立生态产品价值实现机制”。结合秦岭当前生态环境保护现状，可推动秦岭建立生态产品价值实现机制创新措施，尤其在秦岭创建国家公园区域优先推动生态产品价值实现。例如，可以争

取国开行探索生态产品价值实现机制建设，用市场化方式先行先试，打造生态修复典型案例；还可以引进专业金融机构设计绿色金融产品，做好秦岭生态环境保护可持续发展的支撑安排。

一、发挥市场与企业在发展生态产业中的重要作用

市场在资源配置中起着决定性作用。顶层设计既要重视政府产业引导，更要注重发挥好市场这只“看不见的手”的重要作用。需要通过政府政策引导区域内外社会资本在严格遵守生态环境保护要求下，锚定绿色发展的方向，形成高水准的绿色产业。

同时，要不断激发内生动力，通过打造企业和群众满意的一流营商环境，发展带动一批本土高水准的生态产业和生态产品，通过积极提供更多优质生态产品满足人民日益增长的优美生态环境需要，深化生态产品供给侧结构性改革，不断丰富生态产品价值实现路径，培育绿色转型发展的新业态新模式，让良好生态环境成为经济社会持续健康发展的有力支撑。

二、以生态环境价值核算标准带动生态产品价值实现

生态产品价值实现是吸引社会资本投入。但目前秦岭区域生态产品“难度量、难抵押、难交易、难变现”等问题突出，生态优势未能转化为经济优势，制约了社会投资的积极性。

加快研究与利用生态产品总值核算是解决这一问题的先导条件。作为习近平生态文明思想重要萌发地，浙江省发布全国首部省级生态产品

总值（GEP）核算标准，把生态环境优势转化为生态农业、生态工业、生态旅游业等生态经济的优势，推动自然资源大幅增值，变美丽风景成美丽经济。对标先进省份的做法，陕西省应立足秦岭自然资源禀赋，继续鼓励相关部门和机构研究生态价值核算方法和利用途径，形成具有自身特色、务实高效的生态产品价值实现机制。

三、打造具有秦岭标识的优质生态产品品牌

生态产品必须要有品牌意识。要因地制宜打造具有秦岭特色、秦岭品牌的生态产品。如开展秦岭区域生态产品认定、认证，打造具有秦岭标识的生态品牌，最大限度地发挥秦岭生态的资源价值。通过设置生态标识认证标签，由区域内生态产品厂商自愿申请，被授予认证的产品必须在整个生命周期都符合严苛的环境标准，同时制造商需保证所生产的商品在生产和消费过程中必须减少对环境的影响，从而提高产品的品牌力和附加值，打造秦岭茶叶、秦岭富硒食品、秦岭蜂蜜等等标识产品。

四、制度创新解决社会资本吸引投入不足问题

解决资金吸引与投入不足还可以采用产权制度创新模式。具体而言，针对目前秦岭区域内尚未完成恢复治理的历史遗留矿山，可以将修复腾退的废弃工矿用地采取入股、联营等方式，用于乡村新产业新业态发展，或者参考城乡建设用地增减挂钩政策，允许异地调剂使用；矿山生态修复产生的土地指标收益和经营性收入可按约定作为收益来源，在修复区域内安排一定面积的土地从事产业开发。产权制度创新，必须在合法合规的前提下进行，避免引发新的问题。

此外，还可以争取银行等金融机构探索生态产品价值实现机制建设，用市场化方式先行先试，打造生态修复典型案例；还可以引进专业金融机构设计绿色金融产品，做好秦岭生态环境保护可持续发展的支撑安排。

2022年陕西省秦岭生态环境保护工作大事记

编者按： 2022年，陕西省始终牢记“国之大者”，当好秦岭生态卫士，常态长效抓好秦岭生态环境保护工作。紧盯中央环保督察反馈问题和各类存量问题，坚持清单式、台账化管理，防止各类问题反弹回潮；强化生态保护修复，加强水源水质涵养保护和生物多样性保护，不断提升秦岭生态系统质量；全面提升监管效能，依法严厉打击各类违法犯罪行为，持续巩固秦岭整治成果；扎实推进绿色转型，加强保护生态环境与发展生态经济有效衔接。通过夯实各方责任、强化协同配合，持续完善制度机制、做好监督管理，陕西省切实凝聚起秦岭保护的强大合力，确保秦岭美景永驻、青山常在、绿水长流。

2022 年 1 月

• 1 月 17 日，陕西省生态环境厅发布全省水环境质量状况。数据显示，2021 年，全省河流总体水质优，与上年同期的良好相比，水质有所改善。水环境质量显著改善，创近 20 年来最好水平。

• 1 月 19 日，陕西省第十三届人民代表大会第六次会议在西安开幕，时任省长赵一德作政府工作报告。报告指出，2022 年陕西将持续巩固秦岭整治成果。落实秦岭生态环境保护条例和总体规划，强化产业准入清单管理，加强生态保护修复和生物多样性保护。坚持人防、技防、物防结合，实施“网络化 + 网格化”监管模式，完善数据共享、天地一体、上下协同的视频综合监管系统，构建生物、大气、水、土壤环境监控网络和预警体系。

2022 年 2 月

• 陕西省自然资源厅、陕西省发展和改革委员会联合印发《陕西省国土空间生态修复规划（2021—2035 年）》，明确了全省国土空间生态修复总体目标，提出构建“两屏三带多级廊道，六区六策十三项目”国土空间生态修复格局，并针对生态空间、农业空间、城镇空间分别提出了不同的修复策略。

• 2 月 22 日，引汉济渭秦岭输水隧洞全线贯通活动在西安市举行。秦岭输水隧洞是国家重点水利工程引汉济渭工程的关键控制性工程，也是人类从底部横穿秦岭的首次尝试。

2022 年 3 月

- 3 月 2 日，陕西省秦岭生态环境保护委员会召开全体会议，时任省长、委员会主任赵一德主持并讲话。会议审议并原则通过了《陕西省秦岭生态环境保护 2022 年工作要点（审议稿）》《陕西省秦岭生态环境保护责任清单（审议稿）》《陕西省秦岭视频综合监管系统运行管理办法（试行）（审议稿）》。

- 3 月 12 日，陕西省绿化委员会办公室公布 2021 年全省国土绿化公报。公报显示，一年以来陕西省持续推进各类重点生态工程，营造林 842.3 万亩，落实《全国重要生态系统保护和修复重大工程总体规划（2021—2035 年）》，实施秦岭生态保护和修复项目建设 71.1 万亩。

2022 年 4 月

- 4 月 1 日，由秦岭国家植物园、陕西省检察院西安铁路运输分院、陕西省公安厅森林公安局第一分局等单位联合打造的秦岭生态环境司法保护基地在秦岭国家植物园揭牌。秦岭生态环境司法保护基地的建立，标志着司法机关会同秦岭生态保护主管单位，共同推动秦岭生态修复恢复性司法实践进入新阶段。

- 陕西省签发第 1 号总林长令——《关于做好 2022 年全省林长制重点工作的令》。总林长令要求，要加快推进国家公园建设，严格落实《秦岭国家公园创建方案》和《大熊猫国家公园设立方案》，确保秦岭国家公园 2022 年底前如期设立，高质量推进大熊猫国家公园陕西片区建设。

- 4 月 20 日，陕西省秦岭办组织召开了秦岭保护委员会联席（扩大）会议暨“五乱”问题整治现场观摩会。会前，全体参会人员实地观摩了商洛市“五乱”整治、环境治理、转型发展等经验做法，并前往柞水县牛背梁月亮垭，共同学习了习近平总书记 2020 年 4 月来陕考察时的重要讲话精神，举行了当好秦岭生态卫士宣誓活动。

2022 年 5 月

- 5 月 7 日，陕西省政协召开六省一市政协环秦岭地区生态保护和高质量发展协商研讨会议筹备座谈会，通报会议筹备情况，听取保护大秦岭“中央水塔”有关工作汇报。
- 陕西省委、省政府办公厅印发《关于建立以国家公园为主体的自然保护地体系的实施方案》，明确提出，要构建分类科学的自然保护地体系，健全规范高效的管理体制，创新持续协调的发展机制，完善全面有效的考核制度，落实坚强有力的保障举措。
- 陕西省秦岭办发文启动 2022 年秦岭生态环境保护联合交叉执法检查，明确秦岭联合交叉执法检查由陕西省生态环境厅和陕西省秦岭办共同牵头，并会同有关部门组成省联合巡查组；陕西省测绘局负责提供卫星图片及发现问题图斑等相关数据资料，做好技术保障支持。涉秦岭 6 市政府具体负责各自交叉执法检查任务。
- 5 月 27 日，陕西省秦岭办召开暗访检查发现问题集中研判座谈会，省秦岭保护运维中心，汉中市秦巴生态保护中心，城固县、洋县、略阳县有关同志参加了会议。
- 由陕西省文旅厅、商洛市政府主办的 2022 中国秦岭生态文化旅游节在商洛市丹凤县拉开帷幕。

2022 年 6 月

- 陕西省林业科学院、西安铁路运输检察院、西安铁路运输法院、陕西省公安厅森林公安局第一分局、秦岭大熊猫研究中心（陕西省珍稀野生动物救护基地）5 个共建单位共同签署了《秦岭珍稀野生动物司法保护基地共建框架协议》，旨在促进人与自然和谐共生，加强对秦岭珍稀野生动物的司法保护，并揭牌成立陕西省首个秦岭珍稀野生动物司法保护基地。

- 6 月 9 日，由全国政协指导、陕西省政协主办的六省一市政协环秦岭地区生态保护和高质量发展协商研讨会在西安召开。会议审议通过《六省一市政协环秦岭地区生态保护和高质量发展协商研讨会议纪要》，一致同意建立六省一市政协环秦岭地区生态保护和高质量发展协商联动机制。

- 6 月 10 日，安康市宁陕县政府与深圳南泥湾实业投资有限公司签订了林业碳汇交易合作协议。这是陕西省涉秦岭区域首宗林业碳汇交易，涉及林地面积 4058.42 公顷，总交易额 100 万元。

- 四集系列纪录片《守望秦岭》于 6 月 24 日至 6 月 27 日在中央电视台纪录频道播出。纪录片共四集，分别以“秦岭四宝”中的秦岭大熊猫、秦岭羚牛、秦岭金丝猴、朱鹮为主题和叙述视角，通过讲述它们生存、繁衍的真实故事，全面细致地展现秦岭的自然资源、生态环境以及人与自然共生的和谐关系。

- 由共青团陕西省委、陕西省发展改革委（省秦岭办）、陕西省林业局共同主办的陕西省第四届秦岭生态环境保护“青年论坛”暨 2022 年秦岭环保志愿行动示范活动在太白山国家森林公园举行。活动期间，秦岭生态环保“青年学者”、高校生态环保社团联盟大学生赴太白山国家森林公园开展科学考察。

- 反映秦岭生态环境保护的电影《爷爷的牛背梁》在西安进行了专场放映，电影讲述了秦岭牛背梁一位普通护林员和孙子在保护秦岭野生植物时发生的感人故事。

- 新华社调研组以全媒体形式播发了新华全媒头条《再访秦岭》一稿。这篇稿件集合了文字、摄影、音视频报道等多种形式，是本年度秦岭报道中报道形式最多、内容最为丰富的稿件之一。

2022年7月

- 7月4日，全省秦岭山水乡村建设现场培训会以视频形式在商洛市商南县召开。

- 7月7日，时任省委书记刘国中、省长赵一德到商洛市柞水县调研秦岭生态环境保护。刘国中、赵一德先后在牛背梁国家森林公园察看森林植被和水源涵养情况，在营盘镇朱家湾村实地检查违建整治情况；在乾佑街道盈丰水电站整治现场听取水电站拦河坝拆除、取水口封堵等情况汇报；在小岭镇大西沟矿山修复现场，了解治理方案和生态修复情况。

- 7月15日，陕西省秦岭生态环境保护会议在西安召开。会上，时任陕西省发展改革委党组书记、主任、省秦岭办主任汇报了2021年全省秦岭生态环境保护工作会议以来工作完成情况和下一步工作打算。

- 7月29日，陕西省秦岭办组织召开了秦岭生态环境保护委员会2022年度第三次联席会议。会上，西安市、宝鸡市、渭南市、汉中市、安康市、商洛市分别汇报了中央环保督察、秦岭生态环境保护警示片反馈问题整改情况，相关部门研究讨论了《全省秦岭生态环境保护会议重点任务清单》和《秦岭生态环境保护突出问题2022年动态台账》整改措施及牵头单位。

• 陕西省发展改革委（省秦岭办）会同涉秦岭6市和省直相关部门，利用近半年时间梳理整合相关数据，汇编形成“一总五分”秦岭保护数据库，基本达到了秦岭区域各要素底数清、数据准、覆盖全的预期目标。

2022年8月

• 8月17日，陕西省河长办正式发布陕西省2022年1号总河（湖）长令，部署河（湖）长制重点工作，就持续加强河湖管理保护工作提出明确要求。

• 陕西省发展改革委（省秦岭办）、省气象局联合编制的《秦岭生态气候公报（2021年）》对外发布。《公报》显示，秦岭生态环境质量呈现逐年向好发展趋势。

• 陕西省发展和改革委员会（省秦岭办）党支部和涉秦岭6市秦岭办党支部联合开展“秦岭环保在行动”主题活动暨秦岭区域涉矿企业规范化管理座谈会。

• 陕西省秦岭生态环境保护委员会办公室组织开展了“优秀秦岭生态卫士”评选活动，最终确定了100名“优秀秦岭生态卫士”人选。

2022年9月

• 9月6日，陕西省“秦岭生物多样性保护”主题检察论坛在陕西省汉中市召开。从论坛上获悉，陕西省检察院先后部署开展了多个专项活动保护秦岭生态环境，从2021年7月至2022年6月，省检察机关已办理秦岭生态环境保护公益诉讼案1021件。

• 9月6日，由陕西省生态环境厅、陕西省教育厅、陕西省文化和旅游厅、共青团陕西省委、陕西省妇女联合会、陕西省少工委联合主办的“秦岭生态小卫士”主题宣传教育系列活动启动仪式在西安市秦岭国家植物园成功举行。

2022年10月

• “让世界看见秦岭”——秦岭文化宣传系列活动开始征稿。本次活动由陕西省发展和改革委员会（省秦岭办）指导，陕西省林业局、共青团陕西省委、陕西省文学艺术界联合会、西安市秦岭生态环境保护管理局联合主办，旨在用书画、影像、散文、诗歌等文学艺术形式，让社会各界深入了解秦岭故事，在全社会形成“善待秦岭、敬畏秦岭、保护秦岭”的良好氛围。

• 陕西省高级人民法院出台了《陕西省高级人民法院生态环境损害赔偿协议司法确认案件和生态环境损害赔偿诉讼案件审理指南》，对全省生态环境损害赔偿协议司法确认和生态环境损害赔偿诉讼作了细致全面的规范。

2022年11月

• 11月4日，上海美琪大戏院第100次上演了上海歌舞团编创的《朱鹮》。这部由上海歌舞团荣典首席演员王佳俊、朱洁静领衔主演的舞剧，已经成为上海歌舞团的重要剧目之一。

• 11月9日，陕西省林业局与西安市林业局、西安旅游集团共同签署《秦岭大熊猫科学公园建设战略合作协议》，三方将合作共建秦岭大熊猫科学公园，推动大熊猫产业持续整合与升级，为西安生态建设注入新的活力。

• 11月9日，由陕西省发展和改革委员会（省秦岭办）指导，陕西省林业局、共青团陕西省委、陕西省文学艺术界联合会、西安市秦岭生态环境保护管理局联合主办的“让世界看见秦岭”——秦岭文化宣传系列活动之“镜像·秦岭”摄影采风活动在秦岭四宝科学公园展开。

• 中国气象局宣布在陕西商洛设立秦岭国家气候观象台。该观象台是目前汉江流域上游气候区唯一的观象台，是中国气象局设立的第二十六个观象台。

• 《陕西省自然资源厅秦岭生态环境保护工作方案》审议通过并印发实施。《方案》明确，成立陕西省自然资源厅秦岭生态环境保护领导小组，全面加强对秦岭生态环境保护工作的组织领导。

2022年12月

• 陕西长青国家级自然保护区作为陕西省唯一入选的自然保护地，入选《世界自然保护联盟绿色名录》。

• 12月7日，陕西省召开“贯彻党的二十大精神 为推动陕西高质量发展贡献自然资源力量”主题新闻发布会。发布会指出，近年来，陕西省不断加大秦岭生态保护力度，目前秦岭核心保护区的99%、重点保护区的74%、一般保护区的22%划入生态保护红线。

参考文献

[1] 中共中央宣传部，中华人民共和国生态环境部．习近平生态文明思想学习纲要［M］．学习出版社、人民出版社，2022.

[2] 陕西省人民政府网站．陕西省2022年政府工作报告［EB/OL］．http://www.shaanxi.gov.cn/zfxxgk/zfgzbg/szfgzbg/202201/t20220124_2208694.html

[3] 水利部网站．2022年度绿色小水电示范电站评定结果公示［EB/OL］．http://www.mwr.gov.cn/zw/tzgg/tzgs/202212/t20221208_1620199.html

[4] 陕西省水利厅．关于2022年度绿色小水电示范电站初审和到期复审结果的公示［EB/OL］．http://slt.shaanxi.gov.cn/sy/tzgg/202206/t20220610_2224167.html

[5] 党双忍．秦岭简史［M］．陕西师范大学出版社，2020.

[6] 陕西省发展和改革委员会，陕西省财政厅．秦岭生态系统综合管理研究［M］．中国发展出版社，2018.

[7] 陕西省生态环境厅．陕西省秦岭水资源保护利用专项规划［R］.

[8] 陕西省生态环境厅．陕西省秦岭生物多样性保护专项规划［R］.

[9] 陕西省生态环境厅监测处．2022年12月及1—12月全省环境空气质量状况［EB/OL］．http://sthjt.shaanxi.gov.cn/html/hbt/zfxxgk/xxgkhjzl/xxgkdqhjzl/83908.html，（2023-01-28）.

[10] 卢丹青．秦岭北麓不同区域大气颗粒物（PM2.5）的研究［D］．西北农林科技大学，2015.

［11］雷雅凯，段彦博，马格等．城市绿地景观格局对 PM2.5、PM10 分布的影响及尺度效应［J］．中国园林，2018，34（07）：98-103.

［12］王泽发，陈静，刘庭风．中国城市绿地的区域差异及其对 PM2.5 的消减作用［J］．中国城市林业，2022，20（06）：72-78.

［13］郭婵，杨飞，王朋等．多时间尺度的秦岭南北城市 PM10 和 PM2.5 变化特征分析［J］．四川环境，2019，38（05）：74-82.

［14］秦岭生态环境保护网［EB/OL］，http://qinling.shaanxi.gov.cn.

［15］陈怡平．大秦岭生态环境：过去、现在与未来［N］．中国科学报，2019-03-07（008）.

［16］秦岭国家植物园官网［EB/OL］，http://www.qinlingbg.com.

［17］彭俊，王静远，王杰臣．央视网，秦岭国家植物园：让科技为生物多样性保驾护航［EB/OL］．https://m.gmw.cn/baijia/2022-08/10/1303084360.html（2022-08-11）.

［18］郑光美，徐平宇．秦岭南麓发现的大猫熊［J］．动物学杂志，1964（01）：3.DOI：10.13859/j.cjz.1964.01.002.

［19］新华网．陕西：秦岭核心保护区的 99% 划入生态保护红线［EB/OL］．http://www.sn.xinhuanet.com/2022-12/08/c_1129191565.htm

［20］陕西省发展和改革委网站，我省积极推进秦岭区域生态环境保护纵向综合补偿［EB/OL］．http://sndrc.shaanxi.gov.cn/news/content.chtml?id=QrYbQz

［21］陕西政协网．“一库一策”做好尾矿库风险隐患防范治理［EB/OL］．http://www.sxzx.gov.cn/dsj/wyta/51001.html

［22］国家林业和草原局网站．陕西：实施深绿战略 青山绿水入画来［EB/OL］．http://www.forestry.gov.cn/main/102/20230112/142041186227863.html

［23］中国政府网．文化和旅游部关于公布第四批全国乡村旅游重

点村和第二批全国乡村旅游重点镇（乡）名单的通知［EB/OL］. http://www.gov.cn/zhengce/zhengceku/2022-12/08/content_5730660.htm

［24］国家林业和草原局．陕西公布第三批生态旅游特色线路［EB/OL］. http://www.forestry.gov.cn/main/102/20221010/094343245800405.html

［25］陕西省文化和旅游厅网站．陕西省文化和旅游厅关于2022年陕西省文明旅游示范单位的公示［EB/OL］. http://whhlyt.shaanxi.gov.cn/content/content.html?id=16423

［26］宁陕县人民政府网站．坚持旅游“一业引领”打造秦岭“三区三地”加快推动宁陕康养旅游高质量发展［EB/OL］. https://www.ningshan.gov.cn/Content-2464607.html

［27］陕西省林业局网站，http://lyj.shaanxi.gov.cn/ztzl/gjgy/qlgjgy/

［28］“陕西政协”微信公众号．六省一市政协环秦岭地区生态保护和高质量发展协商研讨会发言摘登［Z/OL］. 2022-06-14.

［29］陕西省发展和改革委网站．省秦岭办组织召开秦岭生态环境保护委员会联席会议暨西安市秦岭保护现场观摩会［EB/OL］. http://sndrc.shaanxi.gov.cn/fgyw/tpxw/3IJv6v.htm

［30］陈小玮，李嵱．秦岭：向国家公园进发［J］. 新西部，2021，No.546（11）：20-24.

［31］陈怡平，金学林，张行勇．建立秦岭国家公园的战略意义［N］. 中国科学报，2019-04-30（007）.

［32］陈君帜，叶菁，刘涛等．国家公园社会影响体系构建与评价——以秦岭国家公园为例［J］. 中国园林，2022，38（04）：20-25. DOI:10.19775/j.cla.2022.04.0020.

［33］张德成，夏恩龙，刘畅，等．中国国家公园理念的源流与创新［J］. 世界林业研究，2022，35（03）：1-7.DOI:10.13348/j.cnki.sjlyyj.2022.0026.y.

［34］马耀峰，宋保平，赵振斌，等．陕西旅游资源评价研究［M］．北京：科学出版社，2007.

［35］新华网．把舞台搭在田野上，把希望播种在大地上——关中忙罢艺术节助力西安鄠邑乡村振兴［EB/OL］．（2022-05-27）.http://sn.news.cn/2022-05/27/c_1128689013.htm.

［36］新华社．西安国家版本馆落成［EB/OL］．（2022-07-24）.https://h.xinhuaxmt.com/vh512/share/10974909?d=1348b34.

［37］李洁，张哲浩．“金种子”藏在秦川渭水间［N］．光明日报，2022-08-01（009）.DOI：10.28273/n.cnki.ngmrb.2022.003547.

［38］欧阳志云，郑华．生态系统服务的生态学机制研究进展［J］．生态学报，2009，29（11）：6183-6188.

［39］陈宇轩．陕西秦岭地区生态系统服务价值核算及实现机制研究［D］．西北大学，2022.DOI:10.27405/d.cnki.gxbdu.2022.000527.

［40］何祥博，刘雪华，郑艺，等．秦岭大熊猫保护区生态系统服务价值时空变化研究［J］．陕西林业科技，2020，48（06）：47-54.

［41］欧阳志云，朱春全，杨广斌，等．生态系统生产总值核算：概念、核算方法与案例研究［J］．生态学报，2013，33（21）：6747-6761.

［42］马国霞，於方，王金南，等．中国2015年陆地生态系统生产总值核算研究［J］．中国环境科学，2017，37（04）：1474-1482.

［43］欧阳志云．建立生态产品价值核算制度促进深圳人与自然和谐发展［N］．中国环境报，2020-12-17（03）.

［44］李凡，颜晗冰，吕果，等．生态产品价值实现机制的前提研究——以南京市高淳区生态系统生产总值（GEP）核算为例［J］．环境保护，2021，49（12）：51-58.

［45］腾讯网．绿水青山生态价值怎么算？浙江获准探索GEP核算应

用体系［EB/OL］. https://new.qq.com/rain/a/20210611A08YBC00，（2021-06-11）.

［46］林亦晴，徐卫华，李璞，等.生态产品价值实现率评价方法研究——以丽水市为例［J］. 生态学报，2023（01）：1-9［2023-01-05］.

［47］宋昌素，欧阳志云.面向生态效益评估的生态系统生产总值GEP核算研究——以青海省为例［J］. 生态学报，2020，40（10）：3207-3217.

［48］中国网.陕西省商洛市生态产品价值实现创新典型案例［EB/OL］. http://bgimg.ce.cn/xwzx/gnsz/gdxw/202204/29/t20220429_37543641.shtml，（2022-04-28）.

［49］腾讯网.3132亿元！同期GDP的4.2倍！商洛的生态产品价值算出来了！［EB/OL］. https://new.qq.com/rain/a/20220421A02SKF00，（2022-04-21）.

［50］陈怡平.大秦岭生态文明建设的意义与对策［J］. 地球环境学报，2019，10（01）：1-11.

［51］陕西省发展和改革委员会，陕西省气象局.秦岭生态气候公报（2021年）

［52］廖薇，黎平县生态系统生产总值（GEP）核算研究［D］. 贵州大学，2019.

［53］邓晨晖，白红英，高山，刘荣娟，马新萍，黄晓月，孟清（2018）.秦岭植被覆盖时空变化及其对气候变化与人类活动的双重响应［J］. 自然资源学报，33，425-438.

［54］李卫忠，黄春萍，吉文丽.秦岭林区实施天然林保护工程若干问题的思考［J］. 西北林学院学报，2000，15（1），80-84.

［55］徐祯霞.退耕还林，绿满秦岭［J］. 环境经济，2015.（21），33.

［56］马新萍，白红英，贺映娜，等．基于 NDVI 的秦岭山地植被遥感物候及其与气温的响应关系——以陕西境内为例［J］．地理科学，2015，35（12）：1616-1621．

［57］刘宪锋，潘耀忠，朱秀芳，等．2000—2014 年秦巴山区植被覆盖时空变化特征及其归因［J］．地理学报，2015，70（5）：705-716．

［58］贾平凹．秦岭记［M］．人民文学出版社，2022．

［59］叶广芩．熊猫小四［M］．北京少年儿童出版社，2022．

［60］白忠德．秦岭的动物朋友［M］．中国言实出版社，2022．

［61］张阿利．《鸟语人》诠释新时代生态美学［N］．人民日报海外版，2022-04-20．

［62］原韬雄．陕西省持续实施生态保护修复工程——呵护秦岭生态展现自然之美［N］．人民日报，2022-08-03（13）．

［63］储国强，贺占军，姜辰蓉．新华全媒头条《再访秦岭》［EB/OL］．http://www.xinhuanet.com/politics/2022-06/03/c_1128710955.htm

［64］姜辰蓉，付瑞霞．保护中华祖脉［J］．瞭望东方周刊，2022（10）．

［65］张斌．新华全媒 +“艺术乡建”丰富秦岭老乡文化生活［EB/OL］．https://baijiahao.baidu.com/s?id=1742228477125493690&wfr=spider&for=pc

［66］邵瑞．秦岭：和谐共生的金秋画卷［EB/OL］．https://t.ynet.cn/baijia/33481432.html

［67］储国强，贺占军，姜辰蓉．等．让秦岭青山常在［J］瞭望，2022（12）．

［68］央视新闻客户端．萌！秦岭再现大熊猫“遛娃”高清画面来了［Z/OL］．2022-10-21．

［69］中央电视台新闻频道．可可爱爱！秦岭 6 只大熊猫宝宝齐亮相［Z/OL］．2022-12-15.

［70］张蕾．秦岭有个国家公园梦［N］．光明日报，2022-08-27（9）．

［71］刘芊羽．2022 年秦岭环保志愿行动示范活动举行［N］．陕西日报，2022-06-28（3）．

［72］陈珊．让世界看见秦岭 | 共同讲述秦岭故事［EB/OL］．中国网，http://stzg.china.com.cn/m/2022-12/15/content_42205902

［73］搜狐网．2022 中国黄河对话 | 对话肖云儒：一弓两箭说黄河［EB/OL］．https://www.sohu.com/a/586646515_121124434

［74］搜狐网．西北旅游文化研究院 2022 年 10 大新闻［EB/OL］．https://www.sohu.com/a/622062293_121124434

［75］澎湃新闻．《文艺热搜榜》："朱鹮"再度归来，斯克里亚宾钢琴奏鸣曲全集奏响大剧院［EB/OL］．https://m.thepaper.cn/baijiahao_11811633

［76］张玉，王介勇，刘彦随．陕西秦巴山区地域功能转型与高质量发展路径［J］．自然资源学报，2021，36（10）：2464-2477.

［77］Li CX，Gao X，Xi ZL.Characteristics，hazards，and control of illegal villa（houses）：evidence from the Northern Piedmont of Qinling Mountains，Shaanxi Province，China［J］．Environmental Science and Pollution Research，2019（26），21059-21064.

［78］Zhang W，Wang LC，Xiang FF，et al.Vegetation dynamics and the relations with climate change at multiple time scales in the Yangtze River and Yellow River Basin，China［J］．Ecological Indicators，2020（110），105892.

［79］IPCC.Summary for policymakers.In Masson-Delmotte V，Zhai P，Pörtner HO，Roberts D，et al.（Eds.），Global Warming of 1.5°C.World

Meteorological Organization，Geneva，Switzerland.2018.

[80] Deng CH，Bai HY，Ma XP，et al.Spatiotemporal differences in the climatic growing season in the Qinling Mountains of China under the influence of global warming from 1964 to 2015 [J]. Theoretical and Applied Climatology，2019（138），1899–1911.

[81] Deng CH，Bai HY，Gao S，et al.Differences and variations in the elevation–dependent climatic growing season of the northern and southern slopes of the Qinling Mountains of China from 1985 to 2015 [J]. Theoretical and Applied Climatology，2019（137），1159–1169.

[82] National Park Service.The mission of the National Park Service [EB/OL]. [2022–03–02].

[83] Portail des Parcs Nationaux de France.Les parcs nationaux de France [EB/OL]. [2021–09–13]. http://www.parcsnationaux.fr/fr

[84] Ministry of the Environment Government of Japan.Characteristics of Japan's national parks [EB/OL]. [2021–09–13]. https://www.env.go.jp/en/nature/nps/park/index.html.

[85] Catlin G .Letters and Notes on the Manners，Customs，and Condition of the North American Indians：Volume 2.2009.

后　记

从秋冬之际到炎炎夏日，我们一直在近距离感受陕西秦岭生态环境的变化，探索陕西秦岭生态环境保护工作的特点，理解秦岭这座蕴含异常丰富的大山。

秦岭有大美而不言。春夏相交，远望秦岭翠色欲滴、草木葳蕤；孟秋时节，秦岭木叶摇曳、色彩斑斓；雪后初霁，林间银装素裹、大气磅礴；雨后新晴，山岭雾气升腾、天地氤氲。一年四季，阴晴雨雪，景致不一、可爱无异。

仁者乐山。秦岭默默无言，滋润着亿兆国人；秦岭巍巍耸立，书写下不朽诗篇。历史在这里风云际会，时代在这里徐徐展开：周秦汉唐的王霸功业，云横秦岭的文化传奇，都沉淀在秦岭南北麓的时空里。五千年的华夏文明史精神史，与这座大山紧密相连。

新的时代，秦岭焕发新的生机；2022年，秦岭演绎出新的故事。

秦岭的确在“变”，苍翠秦岭更加宁静和谐美丽。青山更绿、碧水更清、蓝天更多，更加繁盛的秦岭“生灵”丰富着大自然的生物基因库。大熊猫、朱鹮、金丝猴、羚牛“秦岭四宝”作为秦岭生物多样性的体现，被越来越多的公众知晓。人与自然和谐共生的中国式现代化的“秦岭样本”正在成型。

秦岭越来越“新”，新经济业态新文化形态有序形成，优良生态不再“养在深闺人未识”。秦岭区域各地积极探索“两山理论”转化路径，发掘秦岭生态价值实现机制，不断推动生态产业化、产业生态化；秦岭领域文化活动推陈出新、文艺作品不断涌现、文化内涵不断升华，秦岭中华文化的重要象征作用日益凸显。

秦岭得以善“治”，规模性乱象几近绝迹，制度性措施基本建立。得益于严格良善的治理，秦岭生态环境逐步实现历史性、转折性、全局性变化。在全民参与保护、全民共享环境的社会氛围带动下，秦岭生态环境之利由少数人“独乐乐”变成全体公民“众乐乐”，老百姓成为秦岭生态环境改善的受益者、监督者、行动者。

秦岭巉巉列万峰，晚岚浑欲滴晴空。超过3700米的秦岭主峰高耸入云、睥睨众山。关注秦岭、亲近秦岭，就像一次难忘的登山旅程。报告终了，如同登顶山巅，油然生发开拓万古心胸之豪情，为新征程踔厉奋发、勇毅前行提供了精神支撑。

撰写这本年度报告的课题组成员们有长期生活于秦岭南北麓的本地居民，也有首次近距离接触秦岭的京城来客。还有许多国内其他省市、海外其他国家的参与者，也通过在所在地调研的方式提供了国内外其他区域生态环境保护的重要资料。无一例外，大家都长期受惠于这座中华祖脉、关注着这座中华祖脉，也都通过共同撰写这本报告而更加了解秦岭和秦岭生态环境保护工作，也更希望通过这本报告让更多的人士关注秦岭、热爱秦岭，让社会各界与我们共同关心、推动秦岭生态环境不断改善。

由于编著者的学识水平、专业知识不足，加之时间因素，撰写这本报告必然存在各种缺漏、谬误，也敬请专家学者、专业人士和读者诸君不吝赐教、批评指正。需要说明的是，本报告仅代表报告课题组的观点，并不代表任何组织或单位的官方意见。当然，本报告出现的任何问题都应当由报告编著者承担。

附录：本报告生态环境各类指数计算方法

生态环境指数类型	计算方法	备注
植被覆盖度（Fractional Vegetation Cover，FVC）：表征地表植被覆盖情况，一般将植被定义为植被冠层在地面上垂直投影面积与土地总面积的比值，采用像元二分模型进行估算。	$FVC = \frac{NDVI - NDVI_{soil}}{NDVI_{veg} - NDVI_{soil}}$ $NDVI = \frac{NIR - RED}{NIR + RED}$	式中 $NDVI$ 为归一化植被指数；NIR 为近红外波段的反射值；RED 为红光波段的反射值；$NDVI_{soil}$ 为完全是裸土或无植被覆盖区域的 $NDVI$；$NDVI_{veg}$ 为完全被植被覆盖的像元的 $NDVI$ 值即纯植被像元值。
生态系统质量指数（Ecosystem Quality Index，ESQI）：根据生态系统完整性和稳定性理论，从生态系统结构、功能、稳定性和人类胁迫四个方面构建生态系统质量评价指标，表示为生态系统结构指数、功能指数、稳定性指数和胁迫指数的加权和。ESQI 高表示人类胁迫小，生态系统景观结构优良，并具有良好且稳定的功能。	$ESQI = \sum_{i=1}^{4} x_i \omega_i$	式中 x_i 为一级指标（下述 EStrI、EFunI、EStaI、HII），包括标准化结构指数、标准化功能指数、标准化稳定性指数和标准化胁迫指数；ω_i 为对应的权重。
生态系统结构指数（Ecosystem Structure Index，EStrI）：生态系统结构指标，用不同土地覆盖类型覆盖率的加权和表示。	$EStrI = \sum_{lc=1}^{n} f_{lc} \omega_{lc}$	式中 lc 为土地覆盖类型；f_{lc} 为其对应的覆盖率；ω_{lc} 为单位面积土地覆盖类型的权重，森林、草地、水域湿地、耕地、建设用地、未利用地分别设为 0.35、0.21、0.28、0.11、0.04 和 0.01。

生态环境指数类型	计算方法	备注
生态系统功能指数（Ecosystem Function Index，EFunI），生态系统功能指标，设定为四项重要生态系统功能（包括物质生产、固碳、水源涵养和土壤保持功能）指标的加权和，对应分别采用净初级生产、净生态系统生产力、土壤含水量及土壤保持量表示，并利用熵权法求其权重。	$EFunL=NPP\omega_1+NEP\omega_2+m\omega_1$	式中 NPP 为净初级生产力；NEP 为生态系统生产力、m 为土壤含水量；n 为土壤保持量；ω_i 为各项对应的权重。
生态系统稳定性指数（Ecosystem Stability Index，EStaI），用待评估时间点前十年净初级生产力的时间稳定性指数表示。该指数假设生态系统越接近长时间序列的平均状态越稳定，能综合反映生态系统的抵抗力和恢复力。	$EStaL=\frac{mean_{fun}}{std_{dtrend\_fun}}$	式中 $mean_{fun}$ 为生态系统功能的多年平均值；std_{dtrend_fun} 为去趋势后生态系统功能的标准差。
人类干扰指数（Human Interference Index，HII），人类胁迫指标，考虑每种土地覆盖类型的面积（覆盖率）及其对生态系统的干扰强度，以及周围土地类型对其干扰的距离效应。	$HII=\sum_{i,j=0}^{10}\frac{10\sqrt{2}-D_{i,j}}{10\sqrt{2}}\times\left(IC_{i,j}^{min}+\left(1-LAI_{i,j}^{std}\right)\right)\times\left(IC_{i,j}^{max}-IC_{i,j}^{min}\right)\times\begin{cases}FVC_{i,j}，植被\\(1-FVC_{i,j})，非植被\end{cases}$	式中 $D_{i,j}$ 为待评估像元离周围第（i，j）个像元的距离；$IC_{i,j}^{min}$ 和 $IC_{i,j}^{max}$ 分别为第（i，j）个像元的最小及最大干扰度；$LAI_{i,j}^{std}$ 为标准化 LAI 指数；$FVC_{i,j}$ 为植被覆盖度。

（续表）

生态环境指数类型	计算方法	备注
生境质量指数：利用基于生态系统服务和权衡的综合评估模型（Integrated Valuation of Ecosystem Services and Trade-offs，InVEST）的 Carbon 模块，核算生态系统的生境质量（Habitat Quality）模块进行秦岭生态系统的生境质量分析。其原理是将土地利用类型与生态系统的威胁因子联系，基于其敏感性、威胁源的影响距离、威胁源间相互影响程度等，进行生境质量指数（0-1）估算。	$Q_{xj}=H_j\left(1-\left(\frac{D_{xj}^z}{D_{xj}^z+k^z}\right)\right)$ $D_{xj}=\sum_{r=1}^{R}\sum_{y=1}^{Y_r}\left(w_r/\sum_{r=1}^{R}w_r\right)r_y i_{rxy} b_x S_{jr}$ $i_{rxy}=1-\left(\frac{d_{xy}}{d_{r\,max}}\right)$ $i_{rxy}=exp\left(-\left(\frac{2.99}{d_{r\,max}}\right)d_{xy}\right)$ ——	式中 Q_{xj} 为地类 j 中栅格 x 的生境质量；H_j 为生境适宜性；z 为模型默认参数；k 为半饱和常数； D_{xj} 为生境退化度；r 为威胁源；R 为威胁源 r 的个数；y 为威胁源栅格图上的单元栅格；Y_r 为栅格 y 的个数；w_r 为威胁源 r 的权重；r_y 为威胁源强度；i_{rxy} 为威胁源 r 在栅格 x 对栅格 y 的影响；x 为栅格 x 在生境中的抗干扰水平；S_{jr} 表示对威胁源 r 的敏感程度； d_{xy} 为栅格 x 和栅格 y 间线性距离；$d_{r\,max}$ 为威胁源 r 的最大胁迫距离。